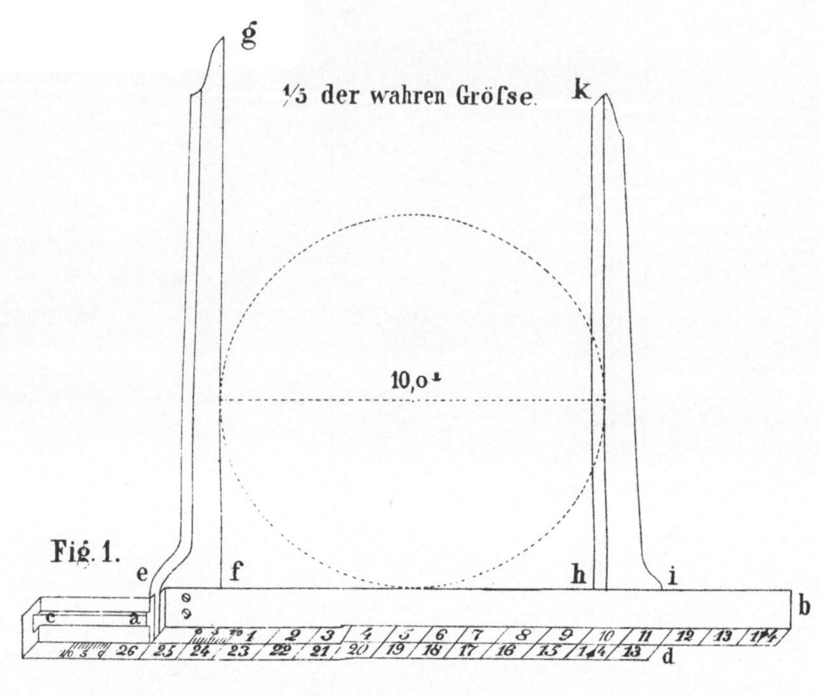

1/5 der wahren Gröfse.
g
k
10,0
Fig. 1.
e
f
h
i
c
a
b
d

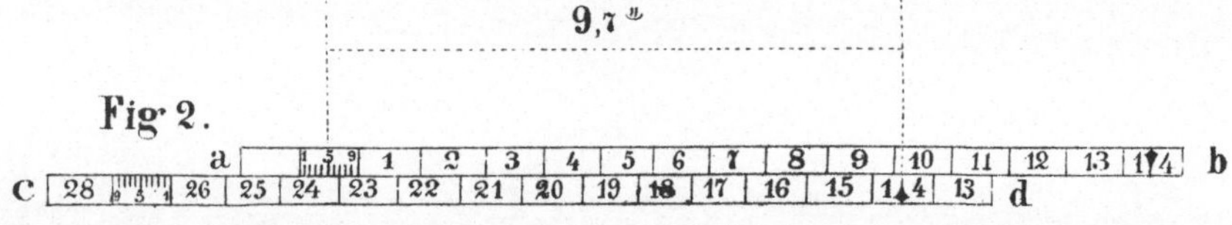

9,7
Fig. 2.
a
b
c
d

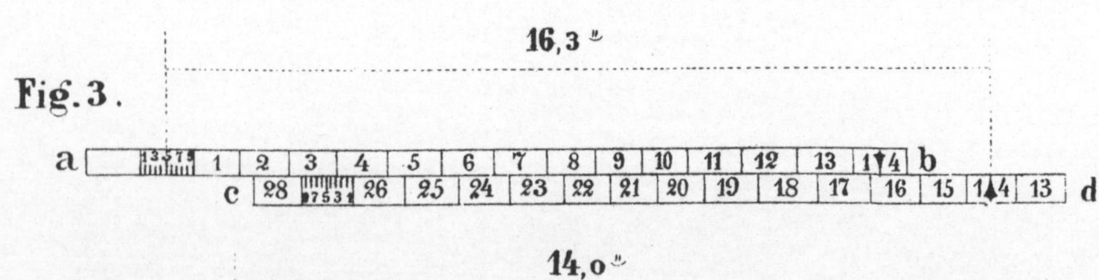

16,3
Fig. 3.
a
b
c
d

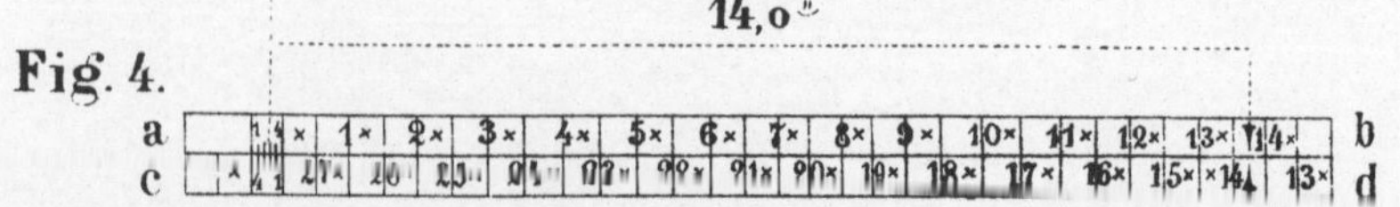

14,0
Fig. 4.
a
b
c
d

Beiträge
zur
Holzertragskunde.

Neues Verfahren

bei der Betriebsregulirung und Ertragsberechnung der Hochwaldungen

die Holzbestände zu beschreiben

und

Holzertragstafeln (Erfahrungstafeln) aufzustellen.

Berechnung

des Geldwerthes des mittelmäßigen Kiefernbodens

im Forstrevier Rüdersdorf bei verschiedenen Umtriebszeiten.

Kluppe und Meßbrett (Baumhöhenmesser)

deren Anfertigung und Gebrauch.

Von

Stahl,

Oberförster zu Rüdersdorf bei Berlin.

Mit einer lithographirten Tafel.

Springer-Verlag Berlin Heidelberg GmbH
1865

ISBN 978-3-662-40820-9   ISBN 978-3-662-41304-3 (eBook)
DOI 10.1007/978-3-662-41304-3

I.

Beschreibung der Holzbestände.

Bei der Betriebsregulirung und Ertragsberechnung der Forsten ist zur Begründung der getroffenen Wirthschaftsanordnungen und der angenommenen Holzerträge eine zutreffende, möglichst kurze und übersichtliche Beschreibung der einzelnen Holzbestände nicht zu entbehren. Dergleichen Beschreibungen entsprechen aber häufig nicht dem Zweck, in wenigen Worten ein klares Bild der Bestände zu geben, theils wegen Ungeübtheit der meisten Forstcandidaten, die solche bei uns in der Regel abzufassen haben, theils weil die Begriffe, die man mit den dabei üblichen technischen Ausdrücken zu verbinden hat, relativ und deshalb zu unbestimmt sind. Die am häufigsten gebrauchten Ausdrücke, wie z. B. „mitunter etwas licht", „mit einigen lichten Stellen", „ziemlich geschlossen" 2c. passen fast auf jeden gewöhnlichen Holzbestand.

Man hat versucht, diese Unbestimmtheit dadurch zu vermeiden, daß man die Holzhaltigkeit, auch wohl den Schluß und Wuchs der Bestände, in Zahlen angegeben hat, die das Verhältniß zu einem als „normal" gedachten Bestand derselben Holzart, desselben Alters auf gleichem Standorte ausdrücken sollten. Allein der Begriff „normaler" Bestände ist keineswegs so feststehend, daß nicht der Leser sich darunter etwas ganz Anderes denken kann, als der Verfasser sich gedacht, dem vielleicht selbst nur eine ganz unbestimmte Idee davon vorgeschwebt hat. Dabei hat man theils die gegenwärtige Beschaffenheit der Bestände ins Auge gefaßt, theils die künftige; wie man sich gedacht, daß sie zur Zeit der Haubarkeit, oder zur Zeit der nach dem Betriebsplane vorgesehenen Verjüngung, sein wird, und dadurch die Unbestimmtheit noch vermehrt.

Diese Uebelstände dürften sich dadurch beseitigen lassen, daß

1*

man bei Beschreibung der Holzbestände statt der Worte oder relativer Zahlen, absolute Zahlen anwendet. Schluß und Wuchs lassen sich aber nicht füglich durch absolute Zahlen ausdrücken. Wir zerlegen deshalb diese Produkte in ihre Faktoren, um letztere zu messen oder zu schätzen und dann ihre Maaße anzugeben. In ziemlich regelmäßigen Beständen sind für den Schluß, wenn wir von außergewöhnlichen Umständen absehen, die durchschnittlich mittlere Entfernung der Stämme von einander im Vergleich zu deren Höhe maaßgebend, wobei aber auch die Stärke der Stämme und die Holzarten nicht unberücksichtigt bleiben dürfen. Der Wuchs ergiebt sich aus der Höhe, mit Berücksichtigung der Stärke und Holzart, in Vergleich mit dem Alter. Wir haben demnach außer der Holzart und dem Alter nur noch die durchschnittlich mittlere Entfernung der Stämme von einander, oder deren Anzahl auf der Flächeneinheit, die Stärke und die Höhe des Mittelstammes anzugeben, um jeden regelmäßigen Bestand vollständig zu charakterisiren; der Grad der Geschlossenheit, der Wuchs und die Holzmasse sind dadurch vollständig bestimmt. Ziemlich regelmäßige Bestände sind. wohl jetzt schon überall in der weit überwiegenden Mehrzahl vorhanden und es wird daher nur noch ausnahmsweise, bei unregelmäßigen Beständen, nöthig sein, den obigen Angaben einige Worte als Erläuterung und Ergänzung beizufügen.

Eine solche Beschreibung hat den bedeutenden Vorzug, daß sie revisionsfähig ist; sämmtliche Angaben können auf ihre Richtigkeit geprüft werden. Es kann dabei nicht vorkommen, daß ein Bestand für „licht" angesprochen wird, den ein Anderer für „ziemlich geschlossen" hält, und ein Dritter als „gut geschlossen, mit wenigen lichten Stellen" bezeichnet, wobei dann natürlich die Meinung Desjenigen den Ausschlag giebt, der den höheren Rang hat. Dann giebt sie auch eine gute Charakteristik der Standortsklasse (Bodenklasse) und liefert ausreichendes Material zur Aufstellung einer Holzertragstafel (Erfahrungstafel).

Es ist nicht zu leugnen, daß wegen der Ungewohntheit schon einige Uebung dazu gehört, sich durch eine solche Beschreibung ein getreues Bild von den beschriebenen Holzbeständen zu machen; allein es genügt ein Gang durch den Wald mit der Beschreibung

in der Hand und Vergleichung derselben mit den betreffenden Holz=
beständen, um sich die Sache geläufig zu machen.

Die Herstellung einer Beschreibung dieser Art hat keine beson=
deren Schwierigkeiten, wie sich bei Anfertigung einer solchen von
dem 31000 Morgen großen Revier Rüdersdorf ergeben hat. Es
kann dazu, nach einiger Einübung, jeder Schutzbeamte verwendet
werden. Man beginnt mit denjenigen Beständen, deren Holzgehalt
ohnehin speciell oder durch Probeflächen nach meinen Massentafeln*)
aufgenommen wird, und erhält durch diese Aufnahme ohne Weiteres
alles Material für die Beschreibung. Zugleich erwirbt sich der
Taxator dabei so viel Augenmaaß, daß er später nur noch dann
und wann Höhe und Stärke einzelner Stämme zu messen und die
Stammzahl auf einer flüchtig abgesteckten Fläche von einigen
Quadratruthen Größe zu zählen, oder die Entfernung zweier
Stämme von einander zu messen oder abzuschreiten braucht, die er
als die durchschnittlich mittlere Entfernung im Bestande erkannt hat
Man wird dabei bald sehen, wie weit man sich auf sein Augenmaaß ver=
lassen kann. Je nachdem die Messungen und Zählungen mit der vorher=
gegangenen Schätzung weniger oder mehr zugetroffen, wird man
jene öfter zu wiederholen haben, oder nur noch seltener vorzuneh=
men brauchen, um das Augenmaaß aufzufrischen. Diese Auf=
frischung darf auch bei der größten Uebung nicht ganz unterlassen
werden. Eine solche Einübung ist sehr leicht, erfordert wenig Zeit
und ist nicht etwa zu vergleichen mit dem Einüben im Ansprechen
von Holzmassen oder Formzahlen, wobei viel Zeit vergeht, ehe man
erfährt, wie die Schätzung zugetroffen hat und wobei eine Wieder=
holung an denselben Stämmen nicht ausführbar ist, weil diese
zur Prüfung der Schätzung gefällt werden müssen. Das Messen
einer Baumhöhe erfordert, bei Anwendung eines zweckmäßigen
Höhenmessers, nur wenige Minuten Zeit, Durchmesser und Entfer=
nung der Stämme können fast im Vorbeigehen gemessen werden.

Das beifolgende Formular, Anlage A. gewährt den bedeuten=
den Vortheil, daß die ganze specielle Beschreibuug, der Betriebsplan

---

*) Massentafeln zur Bestimmung des Holzgehaltes stehender Bäume, nebst
Anleitung, den Masseninhalt liegender und stehender Bäume, so wie ganzer Holz=
bestände zu ermitteln. Berlin bei A. Bath, 1852.

und die Ertragsberechnung — diese für den ganzen Umtrieb auf=
gestellt, wie es bei uns noch gewöhnlich geschieht, — für ein 31000
Morgen großes Revier nur ein Heft von neun Bogen in Octav=
format einnimmt, also bequem mit in den Wald genommen werden
kann, was bei unsern jetzigen, einen bedeutenden Folianten umfassen=
den Taxationsschriften nur zu Wagen möglich ist. Zu diesem Heft
ist dann nur noch eine „Nachweisung der vorhandenen Altersklassen,
der periodischen Abtriebsflächen und Erträge" und eine „Nachwei=
sung der Durchforstungserträge in der 1. Periode", erforderlich, um
alles das zusammen zu haben, was unsere jetzigen Taxationsschriften
unter dem Titel „spezielle Beschreibung, Ertragsberechnung und
Betriebsplan" enthalten. Alle übrigen bisherigen Beilagen bleiben
und können mit jenen beiden Nachweisungen in einen Folioband
vereinigt werden, der nur in der Stube gebraucht wird. Bei den=
jenigen Exemplaren des Abschätzungswerkes, welche nicht mit in
den Wald genommen werden, ist es dagegen bequemer, das Ganze
in einen Band vereinigt zu haben und es dürfte sich daher em=
pfehlen, zu unserer „speziellen Beschreibung 2c." zweierlei Formulare
drucken zu lassen, für die Localbeamten in Octav, zu den übrigen
Exemplaren in Folio.

In der „speziellen Beschreibung" werden, um das Aufschlagen
zu erleichtern, die Jagen nach der Nummerfolge, in der „Nachwei=
sung der Altersklassen und periodischen Erträge" nach den Blöcken
geordnet. In der ersteren wird der betreffende Block auf jeder
Seite oben in den Rubriken für Jagen und Abtheilungen über=
geschrieben.

Es werden nicht die Grenzwerthe, z. B. 60—70 Jahr alt,
50—60' Höhe, sondern die durchschnittlich mittleren Werthe, z. B.
66 Jahr, 54' Höhe, angegeben, die keineswegs immer mit dem
arithmetischen Mittel aus den Grenzwerthen, 65 Jahr und 55',
identisch sind. Weichen einzelne erhebliche Theile eines Bestandes
so bedeutend von den mittleren Werthen ab, daß man glaubt, es
nicht unerwähnt lassen zu dürfen, insbesondere wenn solche Ab=
weichungen Einfluß auf die Bewirthschaftung oder auf den Holz=
ertrag haben, oder, wenn ein Bestand besondere Eigenthümlichkeiten
von Erheblichkeit hat, die sich nicht durch einfache Durchschnittszahlen

ausdrücken laſſen, ſo wird es in der Rubrik „Bemerkungen" ange=
führt, jedoch ſo viel als möglich ſtets mit beſtimmten Zahlen ange=
geben; z. B. „auf der Südſeite auf ca. ⅕ der Fläche lichter, 14′
Entfernung, und niedriger, 63′ Höhe", oder „pro Morgen ca.
6 Stück 100=jährige Kiefern=Ueberſtänder, 15″ Dchm. 76′ Höhe,
in ziemlich gleichmäßiger Vertheilung." Geringere Abweichungen
von dem Mittelwerthe, die überall vorkommen, bedürfen nicht nur
keiner Erwähnung, ſondern es iſt deren Aufzählung zu vermeiden,
weil es die Ueberſicht erſchweren würde.

Es könnte zweifelhaft ſein, ob man die durchſchnittliche
Stammzahl auf einen Morgen oder die durchſchnittliche Ent=
fernung der Stämme von einander anzugeben habe. Für Erſteres
ſpricht, daß man bei der Anwendung, insbeſondere bei Berechnung
der Holzmaſſen, die Stammzahl kennen muß, und daß man nur
durch Zählung der Stämme auf einer beſtimmten Fläche deren
durchſchnittliche, mittlere Entfernung von einander richtig finden
kann. Die Rückſicht indeß, daß ſich die Entfernung unmittelbar
dem Auge darſtellt und ſich leichter beurtheilen läßt, als die Stammzahl, ſpricht dafür die erſtere anzugeben. Die in der Anlage C
beifolgende Tabelle dient dazu, das Eine aus dem Andern zu
finden.

Der Nebenbeſtand, die Holzmaſſe, welche der Durchforſtung
anheim fallen würde, wenn man ſolche jetzt gleich vornehmen wollte,
wird bei Beſtimmung der durchſchnittlichen Entfernung der Stämme
von einander und der mittleren Stärke und Höhe der Stämme, als
nicht vorhanden angeſehen und deſſen Holzmaſſe von der des Haupt=
beſtandes getrennt angegeben; denn ſonſt würde man für die Be=
ſchreibung eines und deſſelben Beſtandes andere Zahlen erhalten,
je nachdem derſelbe eben durchforſtet worden iſt, oder eine Durch=
forſtung nahe bevorſteht. Auch wegen des Gebrauchs, der von der
Beſchreibung, namentlich zur Aufſtellung von Holzertragstafeln ge=
macht wird, iſt dieſe Trennung nothwendig.

Bei vollſtändig ausgekluppten Beſtänden ergiebt das Klupp-
buch die Stammzahl genau, eine Diviſion derſelben mit der Morgen=
zahl die durchſchnittliche Stammzahl auf einem Morgen und daraus
findet man nach der Tabelle C die durchſchnittlich mittlere

Entfernug der Stämme von einander. Ebenso, wenn Probe=
flächen aufgenommen worden sind.

Um den durchschnittlich mittleren Durchmesser genau
zu finden, hat man die zu jeder der vorkommenden Durchmesser=
klassen gehörige Kreisfläche mit der Stammzahl derselben Klasse
zu multipliciren, alle Produkte zu addiren und die Summe durch
die Summe aller Stämme zu dividiren, wodurch man die durch=
schnittlich mittlere Kreisfläche erhält und den dazu gehörigen Durch=
messer als mittleren Durchmesser ansetzt. Die zu den verschiedenen
Durchmessern gehörigen Kreisflächen findet man in meiner Kubik=
Tabelle, 6. Auflage*), Seite 67 und folgende. Es genügt indeß
auch für den vorliegenden Zweck, wenn man die Durchmesser
mit der Stammzahl in jeder Klasse multiplizirt, die Produkte
addirt und die Summe mit der Summe aller Stämme dividirt.
Der auf diese Art gefundene mittlere Durchmesser ist nur um
$^1/_{10}$—$^3/_{10}''$ zu klein. Kommt es auf Bruchtheile von Zollen nicht
an, so ergiebt sich bei regelmäßigen Beständen der durchschnittliche
mittlere Durchmesser unmittelbar aus dem Kluppbuche; es ist die=
jenige Durchmesserklasse, welche die größte Holzmasse liefert, wozu
gewöhnlich auch die größte Stammzahl gehört.

Hat man die Holzmasse eines Bestandes nach der in meinen
Massentafeln gegebenen Anleitung gefunden, so findet man durch
Division der Holzmasse mit der Stammzahl die durchschnittlich
mittlere Holzmasse für einen Stamm. Zu dieser und zu dem auf
die vorige Art gefundenen mittleren Durchmesser läßt sich die zu=
gehörige durchschnittlich mittlere Höhe aus meinen Massen=
tafeln entnehmen. Hat z. B. in einem über 90 Jahr alten Kiefern=
bestand der Mittelstamm 14,3'' Durchmesser und 0,50 Klft. Holz=
masse, so findet man nach Seite 98 und 60 der Massentafeln bei

14,3'' Durchm. 0,488 Klft. 75' Höhe

14,3''   ,,   0,511 ,,   80'   ,,
____

Differenz für 0,023 Klft. 5' Höhe,

mithin   ,,   0,012 ,,   2,6'   ,,

____

*) Kubiktabellen für runde Hölzer nach zwölftheiligem Maaß. 6. Auflage.
Berlin bei A. Bath 1865. — Nach zehntheiligem Maaß. Erlangen 1856 bei
Ferdinand Enke.

Eine Kiefer von 14,3" Durchmesser hat also
bei 0,488 Klft. Holzmasse 75' Höhe,
für 0,012 „ „ 2,6' „ mehr,
mithin bei 0,500 Klft. Holzm. 77,6' Höhe.

Stämme von der durchschnittlich mittleren Stärke haben in der Regel auch nahezu die durchschnittlich mittlere Höhe. Man findet daher auch die mittlere Bestandshöhe, wenn man in allen Theilen des Bestandes die Höhe einiger Stämme von der mittleren Stärke mißt und aus allen gefundenen Höhen den Durchschnitt nimmt. Mehr=arbeit entsteht dadurch nicht, weil zur Berechnung der Holzmasse ohnehin die Höhen einer größeren Anzahl von Stämmen, vorzugs=weise von der mittleren Stärke, gemessen werden müssen.

Bei ganz jungen Beständen genügt es, in der Beschreibung nur die durchschnittliche Bestandshöhe anzugeben. Die in solchen Beständen ohnehin sehr verschiedene und schwer zu ermittelnde mittlere Entfernung und Stärke der Stämme ist nicht erforderlich.

Um es sogleich zu erkennen, wenn die Angaben der Entfernung der Stämme von einander, der Durchmesser und Höhen derselben und der Holzmasse auf 1 Morgen, auf genauen Ermittelungen gegründet sind, mache ich diese Angaben in Ganzen und Zehntheilen, als Decimalbruch geschrieben. Kommen in diesem Falle nur Ganze heraus, so wird in Stelle der Zehntel eine 0 gesetzt. Die Resulte mehr oberflächlicher Ermittelungen werden nur in ganzen runden Zahlen angegeben; etwaige Brüche werden als gemeine Brüche geschrieben.

Die Holzmassen und der Durchschnittszuwachs brauchen nur dann berechnet und die betreffenden Rubriken nur dann ausgefüllt zu werden, wenn von diesen Angaben weiterer Gebrauch gemacht werden soll.

Die in der mit „Holzhaltigkeit" bezeichneten Rubrik enthaltenen Zahlen geben das Verhältniß der Holzmasse an, die der Bestand in der Mitte der Abtriebsperiode enthalten wird, verglichen mit der Holz=masse, welche die Bestände derselben Holzart, derselben Standortsklasse und desselben Alters in demselben Revier im Durchschnitt haben; bezeichnen also nicht ihr Verhältniß zu der Holzmasse sogenannter „normaler" Bestände. Es wird hiervon noch weiter die Rede sein.

II.
Aufstellung von Holzertragstafeln (Erfahrungstafeln).

Zur Aufstellung von Holzertragstafeln wählte man früher die vollkommensten Bestände, die man auffinden konnte und „normal" nannte. Man mußte sich dabei mit kleinen Flächen begnügen, weil größere von höherem Alter nicht aufzufinden waren, die man als normal annehmen zu können glaubte, auch wohl, weil man es nicht verstand, den Holzgehalt größerer Bestände ohne viele Umstände mit hinreichender Zuverlässigkeit zu ermitteln. Dabei ergänzte man wohl gar noch die anscheinend vorhandenen Unvollkommenheiten nach Gutdünken und erhielt dadurch endlich ein Phantasiebild, dessen Original sich kaum irgendwo vorfindet, noch viel weniger als Maaßstab für den Holzertrag angenommen werden kann, der von jungen Beständen auf größeren Flächen künftig zu erwarten ist. Dies gilt besonders für unsere Kiefer, bei welcher man die Eigenschaft sich im höheren Alter licht zu stellen nicht erkannte, auch wohl mitunter jetzt noch nicht hinreichend würdigt, und als eine Folge schlechter Wirthschaft, ungünstiger Naturereignisse und zufälliger Umstände ansah, was in der Natur dieser Holzart begründet ist. Bei anderen Holzarten, die sich auch noch im höheren Alter geschlossen erhalten, trat der gerügte Uebelstand allerdings weniger hervor.

Als man später erkannte, daß man auf diese Art bei der Ertragsberechnung für den künftigen Abtriebsertrag junger Kiefernbestände viel zu hohe Holzmassen erhielt, setzte man bei der Anwendung der Tafeln nicht die ganze Holzmasse an, welche sie nachweisen, sondern machte davon theils willkürliche, theils im Voraus vorgeschriebene Abzüge, meist wohl, ohne sich darüber Rechenschaft geben zu können, ob die Höhe dieser Abzüge passend sei oder nicht; man weiß eben nur, daß Abzüge gemacht werden müssen, und überläßt es dem Zufall, die richtige Höhe derselben zu treffen.

Später hat man zwischen „idealen" und „normalen" Beständen einen Unterschied gemacht und verlangt, daß nicht die ersteren, sondern die letzteren bei der Aufstellung von Holzertragstafeln benutzt werden sollten; auch findet sich bei den in neuerer Zeit erschienenen derartigen Tafeln wohl die Angabe, daß sie den Holzgehalt „normaler Bestände, die auf Flächen von größerer Ausdehnung vorkommen", nachweisen, ohne jedoch näher zu bezeichnen, was in dieser Beziehung als eine größere Fläche anzusehen sei. Bei einigen dieser Tafeln möchte man fast vermuthen, daß sie lediglich in der Studirstube fabricirt seien, indem man schon vorhandene Tafeln, etwa nach den Ergebnissen einiger Holzschläge, modificirte. Jedenfalls ist es ein großer Mangel, wenn die Art, wie dergleichen Tafeln entstanden sind, nicht näher angegeben und nicht nachgewiesen ist, daß wirklich ein hinreichendes Material zu ihrer Aufstellung gewonnen, auf welche Art dies geschehen, und wie es benutzt ist. Es ist viel verlangt, wenn man demungeachtet prätendirt, daß solche Tafeln für alle Bestände derselben Holzart in der Welt gelten sollen. Ein weiterer Mangel mehrerer der neueren Tafeln ist noch, daß sie nach Cotta's Vorgange nur die Holzmassen ohne alle weitere Charakteristik der Bestände angeben.

Durch in neuerer Zeit mehrfach eingerichtete ständige Versuchstellen, um den Zuwachsgang der Holzbestände durch periodische Messung derselben Bestände zu ermitteln, so wie durch das von Eduard Heyer in der Allgemeinen Forst- und Jagdzeitung vorgeschlagene Verfahren dasselbe Ziel in kürzerer Zeit zu erreichen, steht zwar die Gewinnung eines schätzbaren Materials zur Aufklärung des Ganges, den der Zuwachs zu nehmen pflegt, in Aussicht; allein für den Zweck, den künftigen Ertrag jetzt junger Bestände zu bestimmen, dürfte dadurch nicht viel gewonnen werden, weil man dabei immer von ganz im Kleinen gemachten Erfahrungen auf das Allgemeine wird schließen müssen, was stets in hohem Grade trügerisch bleibt. Uebrigens können sämmtliche Bestände eines Reviers als solche ständige Versuchsstellen angesehen und auch einigermaßen als solche behandelt werden, wenn sie auf die vorher unter I angegebene Art beschrieben sind.

Diese Betrachtungen haben mich nach und nach dahin geführt, wo möglich fast alle vorhandenen Bestände desjenigen Reviers zur Aufstellung der Holzertragstafeln zu verwenden, in welchem diese

angewendet werden sollen, wobei dann die Annahme zum Grunde
liegt, daß die jetzt jungen Bestände künftig durchschnittlich nicht er=
heblich besser oder schlechter sein werden, als die jetzt vorhandenen
alten sind, daß also auch die jetzt vorhandenen jungen Bestände künf=
tig eine gleiche Holzmasse liefern werden, wie die jetzt vorhandenen
haubaren derselben Holzart auf gleichen Standorten. Dagegen könnte
eingewendet werden, daß, wenn auch zugegeben werden müsse, es
werde uns und unsern Nachkommen nicht gelingen, überall normale
Bestände zu erziehen, es dennoch zu weit gegangen sei, anzunehmen,
die jetzt jungen Bestände würden einst keine größeren Holzmassen
liefern, als die jetzt vorhandenen haubaren. Diese seien bei unseren
120 jährigen Umtrieben über 100 Jahre alt, fast durchgängig Ueber=
reste von Plänterwaldungen, weil eine geregelte Forstwirthschaft noch
nicht so lange bestehe, wenigstens noch nicht so lange bei uns in
Ausübung sei, und müsse doch wohl angenommen werden, die nach
allen Regeln der jetzt so weit vorgeschrittenen Forstwissenschaft be=
gründeten und gepflegten Bestände, würden ein weit günstigeres
Resultat liefern, als die jetzt alten Bestände, bei deren Entstehen
und Heranwachsen der Zufall mit die wichtigste Rolle gespielt. —
Ob aber diese Schlußfolge so ganz richtig ist, möchte doch noch in
Frage gestellt werden können. Ist es denn wirklich so ganz sicher,
daß möglichst dicht bestandene gleich hohe Schonungen, die einer ge=
schorenen Hecke ähnlich sehen, wie man sie jetzt nicht selten beson=
ders liebt, wirklich die größtmöglichste Holzmasse liefern werden?
Jedenfalls ist zu bedenken, daß, namentlich unsere Kiefernbestände,
Calamitäten auch jetzt noch genug ausgesetzt sind, denen vorzubeu=
gen wir keine genügenden Mittel anwenden können, und wird daher
wohl mit ziemlicher Sicherheit angenommen werden können, es
werde auch künftig noch 120 jährige Kiefernbestände genug geben,
die nach unsern jetzigen Begriffen als lückenhaft werden angespro=
chen werden müssen. Nach meiner Ansicht muß man in dieser Hin=
sicht den Resultaten der Wissenschaft Schritt für Schritt folgen, aber
nicht den Resultaten, die in den Büchern stehen, sondern die im
Walde wirklich schon erreicht sind. Es wird also dann an der Zeit
sein, die Zahlen unser Holzertragstafeln nach und nach zu erhöhen,
wenn sich nachweisen läßt, daß in dem betreffenden Walde solche

größere Holzmassen wirklich, nicht bloß in einzelnen Beständen, son=
dern im Durchschnitt vorhanden sind. Umgekehrt würde es sich aber
auch nach meiner Ansicht in keiner Weise rechtfertigen, aus übertrie=
bener Vorsicht von den jetzt jungen Beständen weniger zu erwarten,
als in derselben Lokalität die älteren Bestände derselben Holzart auf
gleichen Standorten wirklich leisten.

Aus der nach dem vorigen Abschnitte aufgestellten Beschreibung
kann die Holzertragstafel ohne Weiteres aufgestellt werden, wobei
sich von selbst versteht, daß jede der vorkommenden Holzarten (auch
Holzartenmischung) für sich behandelt wird. Nicht in Betracht ge=
zogen werden hierbei diejenigen Bestände auf besonders guten und
auf besonders schlechten Standorten, welche verhältnißmäßig nur
geringe Flächen einnehmen, oder wovon nur wenige Altersklassen
vorkommen; auch mögen noch solche einzelne Bestände ausgeschieden
werden, die in Folge bekannter besonderer äußerer Umstände von
vorzüglich guter oder vorzüglich schlechter Beschaffenheit sind, wenn
solche Umstände nicht wieder oder nur in beschränkten Oertlichkeiten
zu erwarten sind, z. B. Bestände die dem Holzdiebstahl vorzugs=
weise ausgesetzt sind. Doch darf man hierin nicht zu weit gehen
und hat wohl zu beachten, wie weit man eben gegangen ist, um
bei der späteren Anwendung der Holzertragstafeln darauf Rücksicht
nehmen zu können. Bestände, die durch Insektenschaden, Wind=
bruch 2c. gelitten haben, werden in der Regel nicht ausgeschieden,
weil vorauszusetzen ist, daß dergleichen auch künftig nicht ausbleiben
wird. Auf bedeutende Verwüstungen der Art kann freilich bei der
Aufstellung von Holzertragstafeln oder bei deren Anwendung im
Voraus keine Rücksicht genommen werden; ebenso wenig, wie man
sich dagegen durch Reserven schützen kann; Insekten, Stürme, Wald=
feuer verschonen weder die stehenden, noch die sogenannten fliegen=
den Reserven; der Schaden wird um so größer, je mehr man vor=
her aufgespart hat. Treten dergleichen Calamitäten später ein, so
muß eine Revision der Taxation stattfinden und die derzeitige ev.
die folgende Generation müssen den Schaden tragen.

Von allen noch übrigen haubaren und gering haubaren Bestän=
den derselben Holzart oder Holzartenmischung wird die Holzmasse
und der Durchschnittszuwachs berechnet. Bei den jüngeren Bestän=

den wird es genügen, wenn dies, um Zeit zu sparen, nur bei einer Mehrzahl auf allen vorkommenden Standortsverschiedenheiten geschieht.

Nach den vorkommenden Differenzen zwischen dem höchsten und niedrigsten Durchschnittszuwachs bei Beständen gleichen oder wenigstens nahe gleichen Alters werden nun die Standortsklassen (Bodenklassen) gebildet. Die Zahl der Klassen darf nicht zu groß sein, weil man sonst nicht im Stande sein würde, sie überall mit voller Sicherheit von einander zu unterscheiden, aber auch nicht zu klein, weil dadurch die Richtigkeit der Ertragsberechnung beeinträchtigt werden würde. Als ein passendes Maaß für die Ausdehnung der Klassen dürfte anzunehmen sein, daß bei jeder derselben die Differenz im Durchschnittszuwachs haubarer Bestände gleichen Alters in der Regel nicht unter 0,05 und nicht über 0,1 Klafter betragen dürfe und allenfalls so weit ausgedehnt werden, daß die größte Differenz 0,12, die kleinste 0,04 Klafter beträgt, wenn dies nicht zu vermeiden ist, ohne daß die vorhandene Mehrzahl der Bestände auf nahe gleichen Standorten in zwei verschiedene Klassen fällt. Wollte man nämlich die Grenze zweier Klassen mitten durch die am häufigsten vorkommenden Bestände ziehen, so würde man gerade diese meisten Bestände entweder um ½ Klasse zu hoch oder um ½ Klasse zu niedrig ansetzen müssen, auch fortwährend in Zweifel gerathen, welchen dieser beiden an einander grenzenden Klassen man die Bestände zuzutheilen habe, weil dergleichen Zweifel weit seltener vorkommen werden, wenn die Mehrzahl der Bestände in die Mitte einer Klasse fällt. In den Fällen, wenn bei der Bonitirung ein Bestand gerade auf die Grenze zweier Klassen z. B. der II. und III. fällt, oder wenn man in der Wahl zwischen diesen beiden Klassen schwankt, den Bestand als zur Klasse II und III gehörig anzusetzen und demnach für den Holzertrag eines solchen Bestandes das arithmetische Mittel zwischen dem Ertrag, welchen die Tafeln bei der II. und dem, welchen sie bei der III. Klasse nachweisen, anzunehmen, wie oft geschieht, ist nicht zu billigen; nicht allein weil man dadurch die vorher als zweckmäßig erkannte Zahl der Klassen faktisch verdoppelt; sondern weil man auch die Ausgleichung stört und deshalb im Ganzen ein weniger richtiges Resultat erhält. Es kommt ja eben nicht darauf an, nur bei dem einen oder dem andern Bestande den künftigen Holzertrag etwas richtiger zu treffen — was man auf diese Weise wohl erreicht, — sondern im Ganzen ein möglichst richtiges Resultat zu erhalten, was man dadurch verhindert.

Wollte man eine schon vorhandene an andern Orten auf= gestellte Holzertragstafel zum Grunde legen, danach die Klassen bil= den, und sich dieser Tafel möglichst nahe anschließen, um eine gewisse Uebereinstimmung zwischen den Klassen in verschiedenen Revieren oder in einem ganzen Lande herbeizuführen, was in vieler Hinsicht allerdings wünschenswerth wäre; so würde der gerügte Uebelstand nicht zu vermeiden sein, daß die Grenzlinie zweier Standortsklassen oft mitten durch die am häufigsten vorkommenden Bestände ginge. Hierdurch wird aber die Arbeit in dem Grade erschwert und die Richtigkeit des Resultats in dem Grade gefährdet, daß es mir rath= sam scheint, auf den angeführten Vortheil zu verzichten und die Standortsklassen allein nach dem gerade vorliegenden Thatbestand zu bilden.

Beträgt also die Differenz zwischen dem höchsten und niedrig= sten Durchschnittszuwachs bei einer Holzart in den haubaren Bestän= den nicht mehr als 0,1 Klft., so hätte man es nur mit einer Stand= ortsklasse zu thun und die Sache ist dann höchst einfach. Zu be= merken ist indeß, daß man bei der Klasseneintheilung die jüngeren Bestände nicht ganz unbeachtet lassen darf, sondern sich den Gang zu vergegenwärtigen hat, der später bei Fertigstellung der Tafel ein= zuhalten ist und danach begutachten muß, ob nicht vielleicht das eine oder das andere Extrem in der Bonität, das bei jüngeren Bestän= den vorkommt, in den haubaren Beständen gar nicht vertreten und dann gutachtlich zu ergänzen ist. Kommen haubare Bestände gar nicht oder nur in geringer Zahl vor, so kann man natürlich nur nach den vorhandenen ältesten Beständen die Klassen bilden, wenn sie nicht von der Haubarkeit noch zu weit entfernt sind. Ist dies der Fall, so muß man darauf verzichten, hier Holzertragstafeln auf= zustellen.

Ist die angegebene Differenz größer als 0,1 oder 0,12 Klft., so tritt am häufigsten der Fall ein, daß die Mehrzahl der Bestände sich um eine mittlere Standortsgüte zwischen den Extremen gruppirt, von welcher sich eben diese Extreme zu beiden Seiten ungefähr gleich weit entfernen. Gehen dabei die beiden Extreme nicht weiter auseinander, als daß die Differenz des Durchschnittszuwachses im haubaren Holze nicht mehr als 0,3 Klft., beträgt, so hat man einfach drei Standortsklassen mit gleichen Intervallen zu bilden.

Zwei oder überhaupt eine gerade Anzahl von Standortsklassen oder drei Standortsklassen mit etwas ungleichen Intervallen, je nachdem das Eine oder das Andere mehr den angegebenen Anforderungen entspricht, würde man in dem Falle zu bilden haben, wenn die am häufigsten vorkommende Bonität nicht in der Mitte, sondern dem einen oder dem andern Extrem näher läge. Mehr als fünf Klassen dürfen bei einer Holzart oder Holzartmischung nicht gemacht werden; die Klassenunterschiede würden sonst zu schwer zu erkennen sein.

Hat man die Zahl der Standortsklassen und deren Grenzen nach dem Durchschnittszuwachs auf irgend einer Altersstufe, wo möglich im haubaren Alter, festgestellt, so kommt es nun darauf an, die zur Aufstellung der Holzertragstafel zu verwendenden Bestände derselben Holzart oder Holzartmischung in die verschiedenen Klassen einzureihen. Dies wird deshalb nicht schwierig sein, weil nachdem, wie angeführt, die extremsten, nur auf kleinen Flächen vorkommenden Bonitäten schon im Voraus ausgeschieden sind, man es am häufigsten nur noch mit drei Klassen zu thun haben wird und dann nur Bestände auf relativ gutem, mittelmäßigem und schlechtem Standort zu unterscheiden braucht. Zu dieser Unterscheidung liefert die specielle Beschreibung das Material und die genaue Kenntniß der Bestände, die der Taxator durch Aufnahme der Beschreibung erlangt hat, kommt dabei noch in zweifelhaften Fällen zu Hülfe. Die Qualität des Standorts kann sich ja eben nur in dem Holzwuchs aussprechen und dieser wird durch unsere Beschreibung genau charakterisirt. Es wird eine Hülfstafel aufgestellt, die für jede der vorkommenden Standortsklassen die Vertikalspalten mit den Ueberschriften:

Jagen (District),	Abtheilung,
Flächengröße, Morgen,	Alter, Jahr,
Abstand, Fuß,	Durchmesser, Zoll,
Höhe, Fuß,	Durchschnittszuwachs, Klafter,

enthält. In diese Tabelle werden die Bestände nach dem Alter geordnet, mit dem höchsten anfangend, eingetragen. Für die Standortsklasse, in welche die Bestände einzureihen, sind hauptsächlich maßgebend. der Durchschnittszuwachs und die Bestandshöhe, demnächst kommt der Durchmesser und zuletzt die Entfernung der Stämme zur Berücksichtigung, wenn erstere noch Zweifel übrig lassen. Es versteht sich jedoch von selbst, daß nur für ziemlich regelmäßige, nicht ausgelichtete Bestände der Durchschnittszuwachs maßgebend sein kann. Kommen Bestände auf flachgründigem Boden vor, so versteht sich, daß auf diesen Umstand zuerst Rücksicht zu nehmen ist. Bei ihnen kann der bisherige Wuchs nicht allein, oder nur untergeordnet, oft gar nicht über die Standortsklasse entscheiden, welcher solche Bestände angehören. Auch andere Umstände können eine Verschlechterung oder auch eine Verbesserung des bisher stattgefundenen Wuchses erwarten lassen und Veranlassung geben, dergleichen Bestände einer niederen oder höheren Klasse zuzutheilen, als wohin sie ihrem bisherigem Wuchse nach gehören würden; oder, wie bereits angegeben wurde, sie zur Aufstellung der Tafel gar nicht mit zu verwenden, und später einer besonderen Behandlung zu unterwerfen. Es ist bei solchen Versetzungen, besonsonders in eine höhere Klasse, Vorsicht zu empfehlen und sind dergleichen nicht ohne triftige Gründe vorzunehmen. Für unsere Kiefernbestände auf durchgängig tiefgründigem Boden der Ebene muß es Regel bleiben, daß der bisherige Wuchs jedes Bestandes über dessen Standortsklasse entscheidet.

Sind auf diese Art alle Bestände einer Holzart, die man zur Aufstellung der Ertragstafel benutzen will, in die Hülfstabelle eingetragen, so wird für die Alter von 5 zu 5 Jahren, z. B. von 122 bis 118, von 117 bis 113, von 112 bis 108 Jahren u. s. w. von den in den letzten fünf Spalten bei jeder Standortsklasse eingetragenen Zahlen der Durchschnitt bestimmt. Hat man z. B.

82 Jahre	10 Morgen	59′ Höhe
	120	„	60	„
	200	„	64	„
81	„	—	„	—	„

$$80 \text{ Jahre } \quad — \text{ Morgen } \quad — \text{ Höhe}$$
$$79 \quad „ \quad 5 \quad „ \quad 58 \quad „$$
$$78 \quad „ \quad — \quad „ \quad — \quad „$$
$$= 400 \text{ Jahre } 335 \text{ Morgen } 241' \text{ Höhe,}$$

so ist nicht das arithmetische Mittel für $^{400}/_5 = 80$ Jahre die durch=
schnittliche Höhe $^{241}/_4 = 60,25'$, sondern man hat mit Berücksich=
tigung der Flächengrößen,

$$82 \times 10 = 820 \qquad 59 \times 10 = 590$$
$$82 \times 120 = 9840 \qquad 60 \times 120 = 7200$$
$$82 \times 200 = 16400 \qquad 64 \times 200 = 12800$$
$$79 \times 5 = 395 \qquad 58 \times 5 = 290$$
$$= 335 \quad 27445 \qquad\qquad = 335 \quad 20880$$

für $^{27455}/_{355} = 82,0$ Jahr die durchschnittliche Höhe $^{20880}/_{335} = 62,3'$.
Diese Rechnung ergiebt also, daß die Bestände der vorliegenden
Holzart und Standortsklasse, welche in dem Alter von 78—82
Jahren stehen, ein Durchschnittsalter von 82,0 Jahren und eine
durchschnittliche Bestandshöhe von 62,3' haben. Dies Resultat ist
aber nur dann richtig, wenn allen bei der Berechnung benutzten
Zahlen ein gleicher Werth beizulegen ist. Wären dagegen die Höhen
der Stämme auf den 200 Morgen sehr ungleich, die mittlere Be=
standshöhe schwer zu messen gewesen, dabei auch wohl etwas ober=
flächlich verfahren und man sich bewußt, dieselbe eher etwas zu hoch
als zu niedrig gefunden zu haben; wäre überdies die Standortsgüte
dieses Bestandes oder dieser Bestände augenscheinlich etwas besser als die
mittlere Standortsgüte der vorliegenden Klasse, so daß sie sich der Grenze
der nächst höheren Klasse nähert; wären dagegen die Höhen der übrigen
Bestände mit größerer Sorgfalt und sicherer bestimmt, die Qualität die=
ser Bestände träfe mehr die Mitte ihrer Klasse, so könnte man sich
leicht veranlaßt sehen, ungeachtet des obigen Rechnungsresultats, die
Durchschnittshöhe für 80 jährige Bestände nur zu 61 Fuß gutacht=
lich anzunehmen.

Es ergiebt sich aus diesem Beispiele, daß eine genaue
Rechnung hierbei nicht blos nicht immer erforderlich ist, son=
dern oft nicht einmal ein richtigeres Resultat liefert, als eine
gutachtliche Annahme, wenn dabei alle einwirkenden Umstände

sorgfältig berücksichtigt werden; nur hüte man sich der Phantasie freien Lauf zu lassen und halte sich stets an die vorliegenden Thatsachen.

Auf dieselbe Art werden von fünf zu fünf Jahren die Durchschnitte des Abstandes, Durchmessers, der Höhe und des Durchschnittszuwachses bestimmt, so weit Bestände vorkommen, deren Alter in das betreffende Jahrfünft fällt, und in eine Tabelle eingetragen. Ist dies geschehen, so geht man die erhaltenen Resultate durch und betrachtet die auffallendsten Unregelmäßigkeiten, die zuweilen dadurch entstanden, daß einzelne Bestände in eine Standortsklasse eingetragen sind, die, wie sich nun zeigt, außerhalb der Grenzen dieser Klasse fallen. Ist dies der Fall, so werden in der Hülfstabelle solche Bestände gestrichen, in die Klasse übergetragen, wohin sie gehören und die Durchschnittsberechnung wird bei der Altersstufe berichtigt, bei welcher dadurch eine Veränderung herbeigeführt ist. In Betreff solcher Versetzung ist jedoch zu beachten, daß nicht immer in allen vier Spalten der Hülfstabelle die Zahlen sich sämmtlich und überall innerhalb der Grenzen ihrer Klassen halten können, indem es wohl, wenn auch nicht häufig, vorkommt, daß ein Bestand, der z. B. seinem Durchschnittszuwachse nach entschieden in eine Klasse gehört, seiner Bestandhöhe nach besser in eine andere passen würde; eine geringere Höhe wird öfters durch eine größere Stärke, geringere Höhe und Stärke durch geringeren Abstand ausgeglichen. Der letztere pflegt am meisten zu schwanken und ist daher am wenigsten entscheidend. In jedem besondern Falle kommt es darauf an, zu beurtheilen, welche Momente als die entscheidenden für die Bestimmung der Klasse anzunehmen sind, wobei zuweilen die Lokalkenntniß, eine bekannte Ursache der Abweichungen, das Richtige anzeigen. Es werden indeß solche anscheinende Widersprüche nur bei solchen Beständen vorkommen, die der Grenze zweier Klassen nahe stehen, weshalb wiederholentlich darauf aufmerksam gemacht wird, daß man von Hause aus die Klassen so einzutheilen hat, daß die Mehrzahl der Bestände in die Mitte einer Klasse fällt; bei der bei weitem größten Mehrzahl der Bestände wird man ohne große Uebung aus der speciellen Beschreibung auf den ersten Blick erkennen, ob ein Bestand in der Hülfstafel in der richtigen Klasse steht oder nicht.

Demnächst werden, stets mit Hinblick auf die Hülfstabelle, die nun noch vorkommenden Unregelmäßigkeiten, die jedoch nirgends mehr von Erheblichkeit sein können, ausgeglichen und die gebliebenen Lücken ausgefüllt, wobei die so eben und vorher bei der ersten Eintheilung der Bestände in die Standortsklassen angegebenen Rücksichten ebenfalls maßgebend sind. Bei dieser Ausgleichung und Interpolation bedarf es einer künstlichen Rechnung nicht; selbst ein graphisches Verfahren wird kaum erforderlich sein. Letzteres besteht bekanntlich darin, daß man auf einer geraden Linie als Abscissenlinie die Alter von 5 zu 5 Jahren als beliebige gleiche Theile aufträgt, in den Theilpunkten Perpendikel errichtet, auf diese, als Ordinaten, nach einem beliebigen passenden Maaßstabe, den jedem Alter entsprechenden Durchschnittszuwachs aufträgt und dann die dadurch erhaltenen Endpunkte der Ordinaten durch eine aus freier Hand gezogene Linie, die vorkommenden kleinen Unregelmäßigkeiten ausgleichend, verbindet. Nach demselben Maßstabe wird dann auf jeder Ordinate der ausgeglichene Durchschnittszuwachs von der Abscissenlinie bis zu der aus freier Hand gezogenen Linie abgegriffen. Eben so wie mit dem Durchschnittszuwachs würde man auch mit den Höhen, Durchmessern und Abständen verfahren.

Für jede Altersstufe nimmt man nun aus der beigefügten Tabelle B die den Entfernungen der Stämme von einander entsprechenden Stammzahlen per Morgen, berechnet aus dem Durchschnittszuwachs und Alter die Holzmassen und dann den laufenden Zuwachs. Zuletzt folgt noch eine Prüfung der Ertragstafel nach den Massentafeln.

Nach der endgültig festgestellten Hülfstafel können die Standortsklassen derselben Holzart in die specielle Beschreibung eingetragen werden. Für diejenigen Bestände, welche zur Aufstellung der Holzertragstafel gedient haben, sind die Standortsklassen unmittelbar aus der Hülfstafel zu entnehmen; für die übrigen Bestände, die dazu nicht benutzt sind, lassen sie sich danach leicht bestimmen. Die auf die angegebene Art aufgenommene Holzertragstafel für

die Kiefernbestände der Oberförsterei Rüdersdorf ist in der An=
lage B beigefügt.

Die Durchforstungserträge können im hiesigen Revier nicht
voll genutzt werden, und erscheinen deßhalb in dieser Tafel sehr
niedrig.

Die Holzmassen in den Ertragstafeln, wie es gewöhnlich ge=
schieht, in Kubikfußen auszuwerfen, halte ich für entschieden un=
zweckmäßig. Man will dadurch den Tafeln das Ansehen einer Ge=
nauigkeit geben, die sie nicht haben können und nie erreichen werden.
Man macht sich damit nicht allein eine unnütze Arbeit, sondern
giebt auch zu Unrichtigkeiten Veranlassung, weil bei den häufig noth=
wendig werdenden Reductionen der Klaftern auf Kubikfuß und dann
wieder der Kubikfuße auf Klafter nicht selten unrichtige Reductions=
factoren angewendet werden. Die stockenden Holzvorräthe werden
nach Klaftern aufgenommen oder abgeschätzt, die Aufarbeitung und
Abgabe des Holzes, mit Ausnahme eines verhältnißmäßig geringen
Theils desselben, geschieht nach Klaftern, wozu nun die Zwischen=
rechnung nach Kubikfußen? Um die verschiedenen Sortimente auf
einerlei Benennung zu bringen, scheint es doch passender, das ver=
hältnißmäßig wenige, nach Kubikfußen berechnete Bau= und Nutz=
holz, dessen Kubikinhalt pro Klafter ziemlich constant ist und des=
halb auch ziemlich genau angegeben werden kann, auf Klafter zu
reduciren, als die große Masse des Brennholzes, dessen Masseninhalt
äußerst schwankend ist, auf Kubikfuße, von denen man im Voraus
weiß, daß sie in den meisten Fällen von der Wahrheit weit entfernt
sind. Werden bei diesen Reductionen stets dieselben Factoren an=
gewendet, wenn sie auch, wie es mit den bei uns vorgeschriebenen
der Fall ist, nur annähernd richtig sind, so mag dies allerdings
weiter keinen Nachtheil haben, als eine sehr bedeutende Zeitver=
schwendung für alle Beamten, die mit dem Forstrechnungswesen zu
thun haben, zu verursachen; sehr häufig werden aber, ohne daß man
es bemerkt, ganz verschiedene Reductionsfactoren angewendet, was
dann zu ganz unrichtigen Resultaten führt. Ein solcher Fall, der
sehr gewöhnlich vorkommt, ist der folgende: Meine Massentafeln
geben die Holzmassen in Kubikfußen und auch in Klaftern an.
Bei den Holzbestands=Aufnahmen behufs der Ertragsberechnung

wendet man nun nicht die Tafeln an, welche zu diesem Zwecke be=
stimmt sind, und die Holzmassen in Klaftern angeben, sondern, um
recht genau zu verfahren, die, welche die Holzmassen in Kubikfußen
angeben. Den Zweck, die Holzmassen möglichst genau zu erhalten,
erreicht man dadurch allerdings, und die Sache wäre sehr schön,
wenn nun auch in der Ertragsberechnung die Massen in Kubik=
fußen ausgeworfen würden und dann auch bei der Holzernte die
feste Holzmasse jeder einzelnen Klafter, oder im Ganzen un=
abhängig von der Aufklafterung, so genau wie möglich ermittelt
und so in das Controlbuch eingetragen würde. Dies geschieht aber
nicht, weil es unausführbar ist, sondern man dividirt die in jedem
Bestande nach den Massentafeln in Kubikfußen erhaltene Derbholz=
masse mit 70, weil bei uns vorgeschrieben ist, daß die Massenklafter
zu 70 Kubikfuß gerechnet werden soll, und erhält dadurch eine viel
zu große Klafterzahl, denn die Massenklafter enthält nur selten
70 Kubikfuß, sondern durchschnittlich mit Einschluß des Reisholzes
bis zu 1″ Stärke herab die Holzmasse, welche unter der Ueber=
schrift „Faktoren" in der Tabelle angegeben ist, die sich auf S. 40
meiner Massentafeln befindet, mithin z. B. bei Kiefern von 14″
Stärke und darüber in Brusthöhe 77,4 Kubikfuß. Nach derselben
Tabelle befinden sich von solchen Kiefern unter 100 Klaftern
86 Klafter Scheit= und 8 Klafter Knüppel= = 94 Klafter Derb=
holz und 6 Klafter Reisholz. Diese 94 Klafter enthalten nach
Seite 36 der Massentafeln $86 \times 79,9 + 8 \times 67,5 = 7411,4$
Kubikfuß, mithin 1 Klafter $\frac{7411,4}{94} = 78,8$ Kubikfuß. Eine Massen=
klafter Derbholz von solchen Kiefern enthält also nicht 70, sondern
78,8 Kubikfuß Holzmasse im Durchschnitt. Man erhält auf diese
Art eine um $\frac{78,8 \times 100}{70} - 100 = 12,6$ Procent zu große Klafter=
zahl. Der aufgenomme Bestand wird eingeschlagen und die Klafter=
zahl, welche sich ergeben hat, in Kubikfußen berechnet. Dies ge=
schieht aber nicht, indem man die Derbholz=Klafterzahl wieder mit
70 multiplicirt, sondern man multiplicirt die Zahl der Scheitholz=
klaftern mit 75, die Zahl der Knüppelklaftern mit 60, addirt die
Producte und dazu die Anzahl der Kubikfuße, welche sich an Bau=
und Nutzholz ergeben hat. Wird nun von solchen Kiefern etwa
die Hälfte der Scheitholzmasse als Bau= und Nutzholz verwerthet,

so hat man nach dem obigen Verhältniß unter 94 Klaftern Derb=
holz 43 Klafter Bau= und Nutzholz à 80 Kubikfuß, 43 Klafter
Scheitholz a 75 Kubikfuß und 8 Klafter Knüppelholz à 60 Kubik=
fuß, mithin $43 \times 80 + 43 \times 75 + 8 \times 60 = 7145$ Kubik=
fuß und 1 Klafter Derbholz enthält also jetzt $\frac{7145}{94} = 76$ Kubikfuß. Man wendet demnach in einem und demselben Falle statt
des durchschnittlich richtigen Faktors 78,8 einmal den Faktor 70
und dann wieder den Faktor 76 an. Der letztere ändert sich nicht
bloß, je nachdem eine gleiche Holzmasse aus stärkeren oder schwäche=
ren Stämmen besteht, sondern man erhält sogar für ein und die=
selbe Holzmasse eine kleinere Anzahl von Kubikfußen, wenn weniger,
eine größere Anzahl, wenn mehr Bau= und Nutzholz ausgehalten
wird. Statt der obigen 12,6 Procent erhält man nun eine um
$\frac{(76-70)\ 100}{70} = 8,6$ Procent geringere Klafterzahl gegen die Schätzung.
Dann heißt es: „die Massentafeln geben ein um 8,6 Procent zu
hohes Resultat." Ein anderer mit gleicher Sorgfalt aufgenommener
Bestand giebt natürlich ebenfalls ein Mehr, aber unter andern Um=
ständen einen andern Procentsatz, und es heißt nun: „die Massen=
tafeln sind falsch, sie passen nicht für die hiesige Localität, denn sie
geben stets eine bald mehr, bald weniger zu hohe Holzmasse."*)

---

*) Es ist jetzt wohl als hinreichend feststehend anzunehmen, daß wenn die
Aufnahme einer großen Anzahl von Stämmen nach meinen Massentafeln und
eine Vergleichung dieser Aufnahme mit den Resultaten des späteren Einschlages
mit Sorgfalt und Sachkenntniß erfolgt, eine so nahe Uebereinstimmung zwischen
beiden stattfindet, als auf jedem andern Wege mit größerer Mühe und größerem
Zeitaufwand nur zu erreichen ist. Kommen aber Abweichungen vor, weil diese
Voraussetzung nicht vollständig zutrifft, so spricht allerdings die Wahrscheinlich=
keit dafür, daß die Aufnahme eher zu hoch als zu niedrig gefunden wird, weil
die Umstände, welche dergleichen Abweichungen herbeiführen, vorzugsweise in
dieser Richtung wirken. Dahin sind zu rechnen:

1) Wenn die Kluppenführer müde werden, lassen sie leicht die Arme sinken und
greifen die Durchmesser der Bäume niedriger als 4' von der Erde ab. Zu
hoch wird selten gemessen und wenn es geschieht, so schadet es wenig, weil
die Bäume bei gleicher Entfernung vom Meßpunkt nach oben weit weniger
abnehmen, als sie nach unten gegen den Wurzelanlauf zunehmen. (Massen=
tafeln Seite 17.)

2) Bei Auswahl der Musterbäume zum Messen der Höhen ist man eher geneigt
zu hohe als zu niedrige Stämme zu nehmen.

3) Bei der graphischen Interpolation wird öfters, besonders von Anfängern,
mit der Höhen=Curve bei den stärksten Durchmesserklassen zu hoch gegangen.

Es ist leicht ersichtlich, daß ähnliche Fehler, auch wenn man keine Massentafeln anwendet, sich in allen Fällen ergeben, wenn man einmal die Massenklafter zu einem bestimmten Kubikinhalt annimmt, dann wieder die einzelnen Sortimente ebenfalls nach bestimmten Kubikinhalten berechnet; auch dann, wenn die an=

Erfahrungsmäßig geht die Curve bald nach den Höhen für die mittleren Durchmesserklassen in eine Horizontallinie über; nur ein oder ein paar gemessene Musterbäume der stärksten Durchmesserklassen von größerer Höhe dürfen keine Veranlassung geben, die Curven fortwährend steigen zu lassen; d. h. in demselben Bestande sind die Höhen der stärksten Bäume im Durch= schnitt selten merklich höher als die von etwas geringerer Stärke; von er= heblichen Altersunterschieden natürlich abgesehen.

Die graphische Interpolation der Höhen ist nicht anwendbar, wenn die Höhen keine Function der Stärke sind, was man leicht erkennt, wenn man die Höhen nach Anleitung meiner Massentafeln S. 19 aufträgt und die Höhen=Curve sich nicht leicht und ungezwungen einzeichnen läßt, oder wenn man auch nur die Aufnahme=Notizen aufmerksam durchgeht. Man nehme dann das arithmetische Mittel aus einer **Mehrzahl** gemessener Höhen von **Bäumen mittlerer Stärke** als Durchschnittshöhe des Bestandes an, oder, was dasselbe ist, man nehme als Höhen=Curve eine passende Horizontallinie an, und bestimme danach den Inhalt sämmtlicher Stämme. Versteht sich, daß, wenn auf derselben Fläche die Bäume von erheblich verschiedenem Alter sind, jede Altersklasse für sich behandelt werden muß.

4) Wenn bis zum Einschlage mehrere Jahre vergehen, vielleicht eine ganze 20=jährige Periode und mehr, so geht bis dahin und bei dem Einschlage selbst mancher Kubikfuß Holz verloren, der nicht im Controlbuche notirt wird.

5) Wird viel Nutzholz ausgehalten, wie es in den Nadelholzschlägen in der Regel der Fall ist, so giebt es eine etwas geringere Klafterzahl, als die Massentafeln angeben. (Massentafeln Seite 34.)

6) Den Klaftern wird häufiger zu viel als zu wenig Uebermaaß gegeben.

7) Die Massentafeln setzen natürlich ein sehr sorgfältiges Sortiren des Kloben=, Knüppel= und Reisholzes voraus. Wird hierin bei dem Einschlage gefehlt, was stets mehr oder weniger der Fall ist, da die Sortirung nur nach dem Augenmaaß erfolgen kann (Massentafeln Seite 37 und 65), so wird eher ein zu starkes Stück zu einer niederern Klasse geworfen, als umgekehrt; manches Stück kommt in das Reisholz oder in den Abraum, das nicht dahin gehört.

Wenn daher sehr ausgedehnte lange Zeit in Anspruch nehmende Be= standsaufnahmen durch mehrere vielleicht nicht in gleichem Grade befähigte und zuverläßige Forstcandidaten Behufs der Betriebsregulirung und Er= tragsberechnung stattfinden, so ist es gerechtfertigt, von den Resultaten, welche die Massentafeln ergeben, ein paar Procent abzuzuziehen. In Kiefernbe= ständen kann dieser Abzug bis zu 5 Procent betragen.

genommenen Sätze sonst im großen Durchschnitt zutreffend wären. Man wird stets ein anderes Resultat erhalten, sobald das Verhältniß sich ändert.*)

Rechnet man, wie vielfach geschieht, nach Massenklaftern oder Normalklaftern von 100 Kubikfuß ohne Zwischenräume, also nach Kubikfußen, die man zur Vereinfachung der Rechnung auf Hunderte abrundet, so vermeidet man zwar den in dem vorigen Beispiele zuerst angegebenen Fehler, aber nicht den zweiten. Dieser würde, wenn man die angegebenen Zahlen zum Grunde legt, $\frac{(78{,}8 - 76)\ 100}{78{,}8} = 3{,}6$ Procent betragen. Der Annahme zufolge ist nämlich der richtige Faktor zur Reduction der Klafterzahl auf Kubikfuß 78,8, den man aber nicht kennt und der in jedem anderen Schlage ein anderer ist. Man wendet nun auf die einzelnen Sortimente die Faktoren 80, 75 und 60 an, was für unser Beispiel, wie vorher berechnet wurde, im Durchschnitt 76 beträgt.

Die Klaftern in der beigefügten Holzertragstafel sind also weder Massenklaftern zu 70 Kubikfuß Holzmasse ohne Zwischenräume, wonach man in Preußen rechnet, noch zu 100 Kubikfuß, wonach an andern Orten gerechnet wird, sondern es sind, wie in den Massentafeln, die bei der Aufstellung benutzt wurden, solche Klaftern, wie sie sich eben bei dem Abtriebe der Bestände durchschnittlich ergeben, wenn die Aufklafterung nach der in Preußen vorgeschriebenen Holzhauerordnung erfolgt und alles Bau- und Nutzholz mit in die Klaftern geschlagen wird. Die durchschnittliche Holzmasse in diesen Klaftern ist bei jüngern Beständen kleiner, bei älteren größer. Wollte man die Klaftern auf Kubikfuße, oder Normalklaftern zu 100 Kubikfuß, reduciren, so müßte man dazu die in meinen Massentafeln auf Seite 40 angegebenen Faktoren anwenden, sie aber vorher auf bloßes Derbholz umrechnen, wie vorher mit den über 14″ starken Kiefern geschehen ist, weil die Faktoren in den Massentafeln das Reisholz mit begreifen. Man würde aber dadurch weniger zu-

---

*) Hieraus folgt, daß es auch zu falschen Resultaten führt, wenn man im Controlbuche nach Kubikfußen, oder nach Massenklaftern zu 70 Kubikfußen oder nach Normalklaftern zu 100 Kubikfußen balancirt. Es ist nicht nur einfacher, sondern auch richtiger, im Controlbuche überall, auch im Abschnitt C, nur nach Sortimentsklaftern zu rechnen.

verläſſige Reſultate erhalten, weil dergleichen Reductionsfaktoren ihrer Natur nach nur annähernd richtig ſein können. Will man nachher mit den in der Ertragstafel in Kubikfußen angegebenen oder ſonſt in ſolchen ermittelten Holzerträgen die Ergebniſſe eines Einſchlages vergleichen, ſo ſind dabei, wie nachgewieſen iſt, neue Fehler nicht zu vermeiden und die ganze umſtändliche Rechnung dient nur dazu, ein noch weniger zuverläßliches Reſultat zu erhalten.

Es iſt leicht erſichtlich, daß, wenn man eine in der beſchriebenen Art aufgeſtellte Holzertragstafel zur Berechnung des künftigen Holzertrages der jetzt jungen Beſtände anwendet, man bei allen Beſtänden, die bei Aufſtellung der Tafel benutzt worden ſind, ſo wie bei denjenigen jungen Beſtänden, die man nur, um die Rechnung zu vereinfachen, nicht dazu verwendet hat, ſo wie bei den ganz jungen Beſtänden oder Blößen gleicher Standortsklaſſen, die Sätze der Tafel ungeändert anwenden muß; es iſt die „Holzhaltigkeit“ bei allen = 1,0 zu ſetzen. Wollte man davon Abzüge bei ſolchen Beſtänden machen, deren künftiger Holzertrag den Durchſchnittsſatz, welchen die Tafel für die betreffende Standortsklaſſe angeben, vorausſichtlich nicht ganz erreichen wird, alſo deren Holzhaltigkeit unter 1,0 ſetzen, ſo würde man die Ausgleichung hindern und im Ganzen eine zu geringe Holzmaſſe erhalten. Um dies zu verhindern, müßten dann die Beſtände derſelben Klaſſe, deren Holzgehalt das Mittel überſteigen wird, mit einer Holzhaltigkeit über 1,0 angeſetzt werden. Dadurch würde man ſich aber auf das Feld der Willkür begeben, was eben durch das ganze Verfahren verhindert werden ſollte. Nur bei ſolchen Beſtänden, die man vorher als zur Aufſtellung der Ertragstafel für dieſelbe Holzart nicht verwendbar ausgeſchieden hat, wird die künftige Holzhaltigkeit gutachtlich über oder unter 1,0 zu ſetzen ſein, je nachdem man davon einen größeren oder geringeren Holzertrag erwartet, als die Tafel für die betreffende Standortsklaſſe nachweiſet. Ein Gleiches kann mit ſolchen Beſtänden derſelben Holzart geſchehen, deren Standort einer höheren oder niederen Klaſſe angehört, als die Tafel überhaupt enthält; man ſetzt ſie in die höchſte Klaſſe und ihre Holzhaltigkeit über 1,0 oder beziehungsweiſe in die niedrigſte Klaſſe, mit der Holzhaltigkeit unter 1,0. Kommen von ſolchen Beſtänden, deren Standortsgüte die

Grenzen der Ertragstafel übersteigt, oder von solchen, die sich nicht erreicht, mehrere Altersklassen vor, so thut man gewöhnlich besser, davon besondere Standortsklassen zu bilden, wie vorher bereits erwähnt wurde, weil dann die vorhandenen Holzbestände und die bereits fertige Ertragstafel schon einigen Anhalt für den künftigen Holzertrag geben.

In allen obigen Fällen ergiebt sich der Holzertrag zwar weniger zuverlässig, doch können bei einiger Vorsicht die Fehler schon an sich nicht von Erheblichkeit sein und sind auf das Endresultat fast ganz ohne Einfluß, weil solche abweichende Bestände nicht von bedeutender Ausdehnung vorkommen, denn sonst wären sie bei Aufstellung der Tafel nicht unberücksichtigt geblieben.

Kommen von einer Holzart nur so wenige Altersklassen auf nahe gleichen Standorten vor, daß zur Ausfüllung der Lücken zu bedeutende Interpolationen gemacht werden müssen, so läßt sich danach allein allerdings keine Holzertragstafel aufstellen und man muß dann für diese Holzart eine fremde Tafel mit zu Rathe ziehen, wie es sonst gewöhnlich geschieht.

Den laufenden Zuwachs für solche Bestände, deren Holzertrag in der Abtriebsperiode man auf den gegenwärtigen Holzgehalt gründen will, an liegendem oder stehendem Holze zu berechnen oder gar abzuschätzen, davon ist man jetzt wohl ziemlich allgemein zurückgekommen. Dafür den Durchschnittszuwachs zu nehmen, wie in neuerer Zeit häufig geschieht, würde, wie die beiliegende Holzertragstafel zeigt, bei einem 60 bis 70jährigen Umtriebe anwendbar, bei unsern hohen Umtrieben in Kiefern aber ein zu hohes Resultat geben; denn der laufende Zuwachs ist schon 0, wenn der Durchschnittszuwachs noch über ¼ Klafter beträgt. Am richtigsten erhält man den laufenden Zuwachs aus unserer Ertragstafel, die, ebenso wie sie den durchschnittlich mittleren Holzgehalt der Bestände, auch den durchschnittlich mittleren Zuwachs derselben angiebt. Die in der beigefügten Ertragstafel angegebenen Zahlen sind aber zur unmittelbaren Anwendung nicht brauchbar. Soll z. B. ein 80jähriger Kiefernbestand auf der mittleren Standortsklasse in der zweiten zwanzigjährigen Periode abgetrieben werden, so ist der jährliche Zuwachs bis dahin nicht 0,24 Klafter pro Morgen oder 0,88 Procent, wie die Tafel bei dem 80. Jahre angiebt, sondern es ist, da der Bestand bis zur Mitte der Abtriebsperiode noch 30 Jahre steht, also $80 + 30 = 110$ Jahr alt wird, der Zuwachs während dieser Zeit $31 - 28 = 3$ Klafter, macht jährlich nur $^3/_{30} = 0,1$ Klafter, oder 0,4 Procent. Bei der praktischen Anwendung wird man am besten thun, sich auf diese Art für die zur Anwendung kommenden Alter, Standortsklassen und Jahre bis zur Mitte der Abtriebsperiode (in der Regel nur 10 und 30) eine kleine Hülfstafel zu berechnen, oder in der Ertragstafel der Spalte für den laufenden einjährigen Zuwachs noch zwei Spalten: „10jähriger" und „30jähriger Zuwachs" beizufügen.

Eben so wie bei dem Holzgehalt, und aus denselben Gründen, ist es auch bei dem Zuwachs unzweckmäßig, die Ergebnisse der Tafel nach der Beschaffenheit der Holzbestände zu modificiren. Man erhält im Ganzen ein richtigeres Resultat, wenn man die Angaben der Tafel in allen Fällen unverändert anwendet.

Aus der beigefügten Holzertragstafel für Kiefern ergiebt sich, daß, wenn die Durchforstungserträge unberücksichtigt bleiben, der höchste Durchschnittszuwachs auf der mittleren Standortsklasse zwischen 60 und 65 Jahre fällt, ein 60 bis 65jähriger Umtrieb mithin die größte Holzmasse liefert und bei höheren Umtrieben der höhere Werth des Holzes für den geringeren Zuwachs an Masse, entschädigen muß. Der Zuwachs fällt bedeutend schneller, als alle mir bekannten Tafeln ergeben; er sinkt auf der mittleren Standortsklasse schon bei dem Alter zwischen 105 und 110 Jahren auf 0 herab und wird dann sogar negativ, so daß in höherem Alter mehr abstirbt als zuwächst.

Unsere Ertragstafeln geben die Holzmassen an, welche künftig von den vorkommenden Holzarten und Holzartenmischungen auf den vorkommenden Standortsklassen von fast allen Beständen eines Reviers (Blocks) durchschnittlich zu erwarten sind; die beigefügte Tafel B ergiebt ferner, daß in Kiefernbeständen höheren Alters bei weiter zunehmendem Alter die Holzmassen fast unverändert bleiben; auf der mittleren Standortsklasse beträgt die Differenz in der Holzmasse vom 85- bis 130jährigen Alter nur 1 Klafter. Bei hohen Umtrieben ist daher, wenigstens in Kiefernbeständen, zur Berechnung

der zu erwartenden Holzmasse, wenn man nur auf die Quantität
sieht, die nähere Bestimmung des Alters gar nicht erforderlich, das
jeder Bestand erreichen soll, wenn die Holzmasse nach der Ertrags=
tafel angesetzt wird. Wenn man daher auch glauben sollte, für die
späteren Perioden auf eine Berechnung der Holzerträge nicht ver=
zichten zu dürfen, so ist doch nicht erforderlich, diese Berechnung für
jeden einzelnen Bestand auszuführen, sondern es genügt für jede
Periode, Holzart und Standortsklasse, die zum Abtriebe bestimmte
Morgenzahl zu addiren und mit der Klafterzahl zu multipliciren,
welche die Ertragstafeln bei dem Alter nachweisen, das die Bestände
ungefähr im Durchschnitt erreichen werden. Wären die Be=
stände, deren „Holzhaltigkeit“ man über oder unter 1,0 angesetzt
hat, von einiger Bedeutung, — was in der Regel nicht der Fall
ist, — so würde dies noch besonders zu berücksichtigen sein.

III.
Berechnung des Geldwerthes von 1 Morgen mittelmäßigem Kiefernboden (3te Standortsklasse nach Pfeil) im Forstrevier Rüdersdorf bei verschiedenen Umtriebszeiten.

————

Die folgenden Preise sind die Licitations=Durchschnittspreise nach Abzug der Nebenkosten, wie sie sich im Jahre 1862 ergeben haben.

Die Stangenhölzer und Bohlstämme, welche sich bei dem Abtriebe 40—60jähriger Bestände ergeben, sind hier nur dann zu höheren als Brennholzpreisen verwerthbar, wenn sie nicht in größeren Massen angeboten werden, weshalb für dergleichen in dem Folgenden nur die Brennholzpreise angesetzt werden durften.

Das bei dem Abtriebe 80jähriger Bestände sich ergebende Bauholz enthält durchschnittlich nur 15 Kubikfuß pro Stück, ist also nur Klein=Bauholz; nur höchst selten wird sich darunter einmal ein Stück ordinair stark Bauholz bis zu 40 Kubikfuß Inhalt finden. Von so schwachem Holze ist kaum die Hälfte der überhaupt zu Bauholz tauglichen Stämme als solches verwerthbar. Da dies dann vorzugsweise die stärkeren, die Durchschnittsstärke übersteigenden Stücke sind, so war dafür auf den Durchschnittspreis von 3 Sgr. 9 Pf. — das Mittel zwischen den Preisen von Klein= und Mittelbauholz — zu rechnen.

Bei 100jährigen Beständen enthält das sich ergebende Bauholz durchschnittlich 21 Kubikfuß pro Stück, steht also zwischen Klein= und Mittelbauholz mitten inne. Es war daher auch der vorige Preis beizubehalten, jedoch ist auf vollständigen Absatz von allem Bauholze zu rechnen.

Bei dem Abtriebe 120jähriger Bestände enthält das Bauholz durchschnittlich 26 Kubikfuß pro Stück, ist also Mittelbauholz, das zum Preise von 4 Sgr. 1 Pf. pro Kubikfuß vollständig absetzbar ist.

Die Brennholzpreise gleicher Sortimente stellen sich hier bei jüngerem Holze nicht merklich niedriger, als bei älterem, weshalb in dieser Hinsicht kein Unterschied zu machen war.

Bei dem Reisholze sind überall die nuter 1 Zoll starken Zopf= und Astspitzen, als nicht verwerthbar, nicht mitgerechnet.

Die Kulturkosten verstehen sich, mit Einschluß der Kosten für Anlage der Saatkämpe, Beschaffung und Unterhaltung der Kulturge= räthe und 20 pCt. für Nachbesserungen. Sie betragen nach mehr= jährigem Durchschnitt bei den hier sehr hohen Löhnen 3 Thlr. 6 Sgr. pro Morgen. Auf natürliche Verjüngung ist nicht gerechnet.

An Zwischennutzungs=Erträgen sind, mit Rücksicht auf die bestehenden Heide=Einmiethe und Holzberechtigungen, durchschnitt= lich in den nachstehend angegebenen Alter nur zu erwarten:

Durchschnittl. Alter. Jahre.	Klafter.	Sortimente.	Preis pro Klftr. Thl.	Sgr.	Summa.	Nachwerthe bei 3% Zinseszinsen auf Jahre.							
						10	20	30	40	50	60	70	90
						Thaler.							
30	1	Reisholz	2	29	2,97	3,99	—	7,21	—	13,02	17,50	23,52	42,47
50	½	Knüppel	5	18	5,77	7,75	—	14,01	18,82	25,30	—	45,68	—
	1	Reisholz	2	29									
70	¼	Kloben	6	28	6,67	8,96	12,05	16,19	—	29,24	—	—	—
	¾	Knüppel	5	18									
	¼	Reisholz	2	29									
90	½	Kloben	6	28	7,01	9,42	—	17,02	—	—	—	—	—
	½	Knüppel	5	18									
	¼	Reisholz	2	29									
100	¼	Kloben	6	28	3,13	4,21	—	—	—	—	—	—	—
	¼	Knüppel	6	18									

Abtriebserträge,

welche nach Beschaffenheit der wirklich vorhandenen Bestände durchschnittlich zu erwarten sind:

				Thl. Sgr.		Thl. Sgr.
40 Jahr.	13 Kl.	Knüppel	à	5. 18	=	72. 24
Die Stämme durchschnittlich 5″ stark, 40′ hoch.	3 „	Reisholz	à	2. 29	=	8. 27
					= 81. 21	= 81,70 Thl.
60 Jahr.	15 „	Kloben	à	6. 28	=	104. —
Die Stämme durchschnittlich 8,5″ stark, 56′ hoch.	6 „	Knüppel	à	5. 18	=	33. 18
	1 „	Reisholz	à	2. 29	=	2. 29
	5 „	Stubben (22%)	à	2. —	=	10. —
					= 150. 17	= 150,57 Thl.

			Thl. Sgr.	Thl. Sgr.
80 Jahr.	6 Kl. schwach Mittelbauholz	à 10. —	= 60. —	
	18 „ Kloben	à 6. 28	= 124. 24	
Die Stämme durch-schnittlich 11" stark, 64' hoch.	4 „ Knüppel	à 5. 18	= 22. 12	
	2 „ Reisholz	à 2. 29	= 5. 28	
	6 „ Stubben	à 2. —	= 12. —	
			= 225. 4	= 225,13 Thl.

90 Jahr.	9 „ Bauholz	à 10. —	= 90. —	
	18 „ Kloben	à 6. 28	= 124. 24	
Die Stämme durch-schnittlich 12" stark, 66' hoch.	3 „ Knüppel	à 5. 18	= 16. 24	
	2 „ Reisholz	à 2. 29	= 5. 28	
	6½ „ Stubben	à 2. —	= 13. —	
			= 250. 16	= 250,53 Thl.

Hälfte der Zwischennutzungen beim 90. Jahre .... 3,50 „

= 254,03 Thl.

100 Jahr.	13 Kl. Bauholz	à 10. —	= 130. —	
	14 „ Kloben	à 6. 28	= 97. 2	
Die Stämme durch-schnittlich 13" stark, 68' hoch.	3 „ Knüppel	à 5. 18	= 16. 24	
	2 „ Reisholz	à 2. 29	= 5. 28	
	6½ „ Stubben	à 2. —	= 13. —	
			262. 24	= 262,80 Thl.

120 Jahr.	14 „ Bauholz	à 10. 26⅔	= 152. 13⅓	
	14 „ Kloben	à 6. 28	= 97. 2	
Die Stämme durch-schnittlich 14" stark, 70' hoch.	3 „ Knüppel	à 5. 18	= 16. 24	
	2 „ Reisholz	à 2. 29	= 5. 28	
	7 „ Stubben (22%)	à 2. —	= 14. —	
			= 286. 7⅓	= 286,24 Thl.

1 Morgen mittelmäßiger Kiefernboden im Forstrevier Rüders-dorf liefert nach dem Vorigen folgende Gelderträge:

1.	2.	3.	4.	5.	6.	7.	8.	9.	10.
Um-triebs-zeit.	Haupt-nutzung.	Zwi-schen-nutzun-gen.	Summe von 2 und 3.	Jährlich. Durch-schnitts-ertrag von 4.	End-werth der Zwi-schen-nutzun-gen.	End-werth der Kultur-kosten. (3,2 Thl.)	Summe von 2 und 6 weniger 7.	Kapital-werth von 8.	Jahres-ertrag.
	Ohne Zinsen.				3 Procent Zinseszinsen.				
Jahre.	Thaler.								
40	81,70	2,97	84,67	2,1	3,99	10,44	75,25	33,3	1,00
60	150,57	8,74	159,31	2,7	14,96	18,85	146,68	30,0	0,90
80	225,13	15,41	240,54	3,01	35,99	34,05	227,07	23,6	0,71
90	254,03	15,41	269,44	2,99	48,37	45,76	256,64	19,3	0,58
100	262,80	22,42	285,22	2,9	74,43	61,50	275,73	14,8	0,44
120	286,24	25,52	311,76	2,6	138,62	111,07	313,79	9,3	0,28

Die größte Derbholzmasse wird nach Ausweis der Holzertrags=
tafel Beilage B. im 60—65jährigem Umtriebe erzogen, weil dann
der Durchschnittszuwachs mit 0,36 Klftr. kulminirt.

Aus Spalte 5 ist vorstehend ersichtlich, daß der durchschnitt=
liche Geldertrag (die Waldrente, d. h. die Zinsen des Boden=
und des Holzkapitals) sich bei einem Umtriebe von 80 bis 90 Jahren
am höchsten stellt, und sich dabei der Ertrag auf volle 3 Thlr. pro
Morgen beläuft, nach Abzug des Hauerlohns, jedoch ohne Berück=
sichtigung der Kultur=, Schutz= und Verwaltungskosten, und der
Einnahme an Nebennutzungen 2c., deren Betrag nachher ange=
geben wird.

Dagegen ergeben Spalte 9 (Bodenwerth) und 10 (Bodenrente),
daß, wenn auch nur 3 pCt. Zinseszinsen gerechnet werden, der mög=
lichst kurze, 40jährige Umtrieb der vortheilhafteste ist, sich dabei der
Kapitalwerth auf 33 Thlr. und die jährliche Rente auf 1 Thlr.
pro Morgen stellen, mit Anrechnung der Kulturkosten, sonst wie
vorher. Der 120jährige Umtrieb rentirt dagegen nur auf 8 Sgr.
5 Pf. und der Kapitalwerth stellt sich auf 9 Thlr. 9 Sgr.

Um bei verschiedenen Umtriebszeiten die Reinerträge zu er=
halten, sind in Spalte 9 und resp. 10 noch die nachstehend ange=
gebenen Einnahmen zuzusetzen und Ausgaben abzuziehen, und zwar
bei allen Umtriebszeiten in gleichen Beträgen, da die Länge der
Umtriebszeit auf die Höhe dieser Beträge keinen oder nur geringen
Einfluß äußert.

Im Durchschnitt der 10 Jahre 1851/60 haben pro Morgen
des zur Holzzucht benutzten Bodens betragen:

die Einnahmen aus den Forstnebennutzungen, der Jagd und
Insgemein, jedoch mit Ausschluß der Pächte für Jagd auf
den Domainen=Feldern:

jährlich 2,1 Sgr. = 0,070 Thlr., in Kapital 2,33 Thlr.;
die Ausgaben für Besoldungen, Jagdverwaltung, Insgemein,
an Passiorenten und Abgaben, für Verstärkung des Forst=
schutzes, zur Unterhaltung der Forstdienstgebäude, für Wege=
bauten und Insektenvertilgung:

jährlich 5,01 Sgr. = 0,167 Thlr., im Kapital 5,57 Thlr.
Außerdem ist noch die Grundsteuer zu berücksichtigen, wenn

Forstgrundstücke in den Besitz von Privaten sich befinden, oder in denselben übergehen.

Bei der obigen Berechnung (Spalte 9 und 10), macht es keinen Unterschied, ob man sich einen Holzbestand isolirt, also im aussetzenden Betriebe, oder als Theil eines im nachhaltigen Betriebe stehenden Waldes vorstellt.

Der hier in Rede stehende Boden wird bei landwirthschaftlicher Benutzung kaum als dreijähriges Roggenland anzusprechen sein, das nach der für das Departement der Königlichen General-Commission für die Kurmark Brandenburg als technische Instruktion geltenden „Anleitungen zu landwirthschaftlichen Veranschlagungen von v. Monteton, Berlin 1855" im hiesigen Kreise einen jährlichen Reinertrag von

6,20 Metzen Roggen

pro Morgen gewährt. Den Scheffel Roggen nach den jetzigen Preisen zu 1½ Thlr. gerechnet, beträgt dieser Reinertrag

jährlich 0,581 Thlr.,
oder im Kapital zu 3 pCt. 19,4 Thlr.,
= 4 = 14,5 =

Es geht hieraus hervor, daß es hier auf solchem Boden bei den jetzigen Preisen vortheilhafter ist, Holzzucht als Landwirthschaft zu treiben.

Für Besitzer kleinerer Privatforsten, die bei der Wahl der Umtriebszeit nur allein auf ihren unmittelbaren pecuniären Vortheil Rücksicht zu nehmen brauchen, können bei der Wahl der Umtriebszeit die Resultate solcher Berechnungen hauptsächlich entscheiden; dagegen sind für den Großgrundbesitzer und besonders für den Staat Rücksichten, die für höhere Umtriebszeiten sprechen, überwiegend.

IV.
Die Kluppe und deren Gebrauch.

Die in meinen Maffentafeln beschriebene und abgebildete Kluppe hat vielfache Anwendung gefunden und ift weit verbreitet. Seitdem find mir eine Menge anders eingerichtete Werkzeuge zum Meffen der Rundhölzer bekannt geworden, (ich habe auf alle dergleichen Erscheinungen besonders geachtet) ohne daß ich eins darunter gefunden hätte, welchem ich den Vorzug vor jener Kluppe einräumen möchte. Dies ift nun aber mit der nachstehend beschriebenen der Fall.

Zwei 1 Zoll hohe und ½ Zoll breite rechtwinklige Parallelepipeda (Balkenform) a b und c d Figur 1, 2, 3 und 4, von hartem Holze, etwa Birnbaumholz, die wir die „Balken" der Kluppe nennen wollen, find in der Mitte, ihrer ganzen Länge nach, das eine mit einer nach innen erweiterten Aushöhlung, wie in Fig. 1 bei c ersichtlich, das andere mit einem dazu paffenden erhöhten Holzstreifen, wie in Fig. 1 bei a angedeutet ift (Nuth und Feder in Schwalbenschwanzform) versehen. Ift die Feder in die Nuth hineingeschoben, so laffen sich beide Balken der Länge nach dicht neben einander hin und her schieben, ohne auseinander zu fallen. Eine Länge der Balken von 16 Zoll, wie in den beigefügten Figuren, wird für den gewöhnlichen Gebrauch meistens ausreichen; es können bei dieser Länge Rundhölzer bis zu 28 Zoll Durchmeffer gemeffen werden. Will man noch stärkere Hölzer meffen, so müffen die Balken länger sein; für jeden Zoll größere Länge derselben, können um 2 Zoll stärkere Hölzer gemeffen werden.*)

Die Länge der Balken wird auf den schmalen Seitenflächen

---

*) Sehr große Kluppen find unbequem. Statt ihnen eine solche Größe zu geben, die den stärksten zu meffenden Hölzer entspricht, ift es zweckmäßiger, sich Kluppen von verschiedener Größe zu halten, oder für seltene Fälle ein Meßband, das den Durchmeffer in ganzen Zollen angiebt, zu deffen Anfertigung meine Kubiktabellen 6. Auflage Seite 14 Anleitung geben; oder man meffe in einem einzelnen Nothfalle, wenn die Kluppe nicht ausreicht, den Umfang mit einem Bindfaden und reducire den Umfang auf den Durchmeffer nach dem bekannten Verhältniß 22 : 7.

derselben, welche, wenn die Balken zusammengeschoben sind, eine Ebene bilden, in ganze Zolle getheilt, und durch die Theilpunkte werden, rechtwinkelig zu den Kanten Querstriche gezogen, wodurch sich rechtwinkelige „Fächer" bilden, die in ihrer Mitte wie folgt beziffert werden. Das dritte Fach vom Ende a des ersten Balkens ist mit 1 zu bezeichnen und so fort die folgenden Fächer, nach der Nummerfolge, so daß das letzte Fach am andern Ende b, bei einer Länge der Balken von 16 Zoll, 14 erhält. Das erste Fach des andern Balkens, am Ende bei d, ist mit 13 zu bezeichnen, und so weiter die folgenden nach der Nummerfolge, bis am Ende bei c, das letzte Fach 28 erhält; das vorletzte (27) bleibt aber unbezeichnet. Die Länge dieses vorletzten Faches wird durch kürzere Striche in zehn gleiche Theile, also Zehntelzolle, getheilt; ebenso das unmittelbar dem Fach 1 vorhergehende Fach des ersten Balkens. Diese kürzeren Theilstriche stehen auf den Kanten beider Balken, die, wenn diese zusammengeschoben sind, aneinander stoßen. Der Anfang dieser zweiten Eintheilung wird auf jedem Balken mit 0, das Ende mit 10, der mittlere Theilstrich mit 5 bezeichnet, und zwar in derselben Folge, in welcher die Bezeichnung der ganzen Zolle erfolgte, also auf beiden Balken in entgegengesetzter Richtung. Statt dessen kann man auch den 1. 5. und 9. oder alle ungeraden Theilstriche beziffern.

Die erstere Eintheilung in ganze Zolle wollen wir die „Zoll-Scala", die letztere in Zehntelzolle, die „Zehntel-Scala" nennen. Die Eintheilung der Zehntel-Scala erhält kleinere Ziffern, als die der Zoll-Scala. Endlich werden noch die mit 14 bezeichneten Fächer auf beiden Balken in der Mitte durch Querstriche getheilt, und diese Striche werden als „Zeiger" kenntlich gemacht und als solche benutzt. Damit die Zeiger noch mehr in die Augen fallen, kann man ihnen eine rothe Farbe geben, oder ein Stückchen Metall in Form eines Pfeils in das Holz einlegen.

In jeden Balken wird an dem Ende, von wo die Zoll-Scala zu zählen beginnt, a und d, ein „Schenkel", Fig. 1 efg und hik, eingezapft und mit Leim und zwei Holzschrauben, wie unterhalb ef angedeutet ist, gut befestigt. Die Schenkel stehen auf den schmalen Seitenflächen der Balken, welche den Flächen entgegengesetzt sind, auf welchen sich die Scalen befinden; sie müssen mit den Balken gleiche Länge haben. Die beiden innern Seitenflächen g f und h k der Schenkel, welche bei dem Messen der Rundhölzer diese berüh=ren, müssen auf den Flächen der Balken rechtwinkelig stehen, und die Verlängerungen dieser Seitenflächen müssen, bei dem ersten Balken a b, den Theilstrich 5 der Zehntel=Scala, bei dem zweiten Balken c d, den Zeiger treffen.

Diese Regel für die Stellung der Schenkel gilt auch für jede andere Länge der Kluppe, wofür nur noch zu merken ist, daß die Zeiger stets in die Mitte gleichbezifferter Fächer kommen, wonach sich die Bezifferung richtet, und daß, wenn die Balken ganz zusam=mengeschoben sind, die Zehntel=Scalen auf beiden Balken am passend=sten einander gegenüber stehen.

Die Kluppe läßt sich, um bequemer getragen werden zu kön=nen, auch so einrichten, daß die Schenkel, wie die Klinge eines Taschenmessers zwischen den Schaalen, herunter gelegt werden kön=nen. Zu dem Zweck wird jeder Balken aus zwei Brettchen als Schaalen von ⅓ Zoll Dicke so zusammengesetzt, daß sie auf einer hinreichenden Länge ⅓ Zoll Zwischenraum zwischen sich lassen. In diesen Zwischenraum kann der ⅓ Zoll dicke und 1 Zoll breite Schenkel hineingelegt werden, der sich um einen ⅕ Zoll starken messingenen Zapfen dreht. Wenn er aufgerichtet ist, lehnt sich der Schenkel, in rechtwinklichter Stellung zu dem Balken, hinten an eine 2 Zoll hohe, 1 Zoll breite und ⅓ Zoll starke Stütze, die an einem Ende den Zwischenraum zwischen den beiden Brettchen auf 1 Zoll Länge ausfüllt, was am andern Ende durch ein Brettchen von 1 Zoll im Quadrat und ⅓ Zoll Stärke geschieht. Stütze und Brettchen werden, erstere genau rechtwinkelig zu dem Balken, durch Leim und Holzschrauben fest und unwandelbar mit den beiden vor=her erwähnten Brettchen, zu etwa 16 Zoll langen und 1 Zoll hohen und breiten Balken verbunden. Der obige Zapfen, um welchen sich der Schenkel dreht, geht 1½ Zoll vom Ende des Balkens durch die Mittellinie der vereinigten beiden Brettchen und den zwischen ihnen stehenden Schenkel. Der Zapfen ist an jedem Ende in einer klei=nen messingenen Platte fest verniethet, die in die Brettchen ein=gelassen sind.

Die Eintheilung kommt auf die schmalen Seiten der beiden mittleren Brettchen, an welchen sich Nuth und Feder befinden, die wie bei der vorigen Kluppe angebracht sind. Die Zoll=Scala beginnt auf dem ersten Balken, 2½ Zoll vom Ende, endet, bei 16 Zoll Länge der Balken, mit 14, beginnt auf dem zweiten Balken mit 11 und endet mit 27. Diese drei Fächer, 11, 14 und 27 sind nur einen halben Zoll lang. Die Zeiger kommen in die mit 13 bezeichneten beiden Fächer. Alles Uebrige wie vorher.

Diese Kluppe bildet, wenn sie zusammengelegt ist, ein recht=winkeliges vierseitiges Prisma von 2 Zoll Breite, 1 Zoll Höhe und 16 Zoll Länge, an welchem nur auf der einen breiten Seite die festen Stützen der Schenkel um 2 Zoll vorstehen.

Die äußeren Ecken und Kanten der Kluppen sind etwas ab=gerundet, damit sie beim Gebrauch die Hand nicht drücken.

Um sich von der Richtigkeit einer der beschriebenen Kluppen zu überzeugen, schiebt man die Balken an einander und bringt, so=wohl von der Zoll=Scala als von der Zehntel=Scala, einen Theil=strich auf dem einen Balken nach und nach mit verschiedenen Theil=strichen derselben Scala auf dem andern Balken zusammen. Es müssen dann auch stets die übrigen Theilstriche derselben Scala auf dem einen Balken mit den Theilstrichen auf dem andern, so weit sie einander gegenüberstehen, auf einander treffen. Der ge=ringste Fehler in der Theilung fällt hierbei sogleich grell in die Augen. Die Schenkel sind in Bezug auf ihre rechtwinkelige Stel=lung zu den Balken zu prüfen.

Endlich ist noch zu untersuchen, ob die ganze Länge der Balken richtig ist und die Schenkel auf den richtigen Stellen stehen. Bei=des erfährt man zugleich, wenn man die Kluppe nach der folgenden Anweisung auf eine beliebige Zollzahl stellt und nach einem Normal=maaß untersucht, ob dann auch die Schenkel genau in derselben Entfernung von einander stehen, die diese Zollzahl angiebt; oder wenn man umgekehrt ein Prisma von beliebiger genau bekannter Länge, etwa einen Zollstock von 1 oder 2 Fuß Länge, auf die Balken zwischen die Schenkel legt, diese dicht an die Enden des Prisma schiebt und nun nachsieht, ob die Kluppe das richtige Maaß angiebt. Es wäre zwar möglich, daß diese Probe zuträfe und dennoch die Schenkel nicht genau auf den vorher angegebenen Stellen ständen; allein dies beeinträchtigt die Richtigkeit der Kluppe nicht, wenn nur beide Schenkel nach einer Richtung gleich weit von den richtigen Stellen entfernt stehen.

Bei der Aufnahme von Holzbeständen nach meinen Massentafeln werden bekanntlich die stehenden Bäume in der Art gemessen, daß man deren Durchmesser nur in ganzen Zollen angiebt; dergestalt, daß Theile von Zollen, die weniger als ½ betragen, nicht gerechnet, solche die mehr als ½ Zoll betragen, für einen ganzen Zoll gerechnet werden. In derselben Art werden gewöhnlich bei dem Aufmessen der Rundhölzer in den Schlägen die Maaße der Durchmesser auf ganze Zolle abgerundet. Dieses Abrunden besorgt unsere Kluppe ohne Weiteres. Legt man sie rechtwinklicht quer an den stehenden Baum oder über das liegende Rundholzstück und drückt die Schenkel von beiden Seiten an die Rinde, wie Figur 1 zeigt, so giebt einer der beiden Zeiger das Maaß des Durchmessers in ganzen abgerundeten Zollen an. Es ist diejenige Zahl, die in dem Fache steht, auf welches der Zeiger zeigt. Bei Figur 1 giebt die Kluppe 10 Zoll, bei Figur 2 ebenfalls 10 Zoll, bei Figur 3 16 Zoll an.

Will man das Maaß des Durchmessers nicht bloß in ganzen abgerundeten Zollen, sondern genau wissen, so zieht man die Zehntel-Scala mit zu Rathe. Zeigt der Zeiger genau auf die Mitte eines Faches — was man daran erkennt, daß die Theilstriche auf beiden Balken genau auf einander treffen, wie dies bei Figur 1 der Fall ist, — so hat man so viele Zolle, ohne Bruch, wie die Zahl angiebt, auf welche der Zeiger zeigt; z. B. bei Figur 1. 10 Zoll. In diesem Falle wird die Zehntel-Scala auf keinem Balken von einem Theilstrich der Zoll-Scala auf dem andern Balken getroffen; die Zehntel-Scala liegt genau zwischen zwei Theilstrichen der Zoll-Scala; bei Figur 1 zwischen den Strichen zu beiden Seiten von 24. Zeigt der Zeiger nicht auf die Mitte eines Faches, so wird stets auf einem der beiden Balken die Zehntel-Scala von irgend einem Theilstrich der Zoll-Scala auf dem andern Balken getroffen, und das Maaß, welches die Kluppe dann angiebt, beträgt so viele ganze Zolle, wie die niedrigere der beiden Zahlen angiebt, zwischen welchen der Zeiger hinzeigt, und einen Bruch, den man auf der Zehntel=Scala abliest, nemlich so viele Zehntel, wie der Theilstrich abschneidet, der die Zehntel=Scala trifft. Es zeigt z. B. der Zeiger in Figur 2 zwischen 9 und 10, in Figur 3 zwischen 16 und 17; man hat also bei Figur 2. 9, bei Figur 3. 16 ganze Zolle. In Figur 2 trifft ferner der Theilstrich, der sich zwischen 23 und 24 befindet, die Zehntel=Scala, und zeigt hier auf den Theilstrich 7; mithin ist das Maaß, welches die Kluppe in Figur 2 angiebt, 9,7 Zoll. In Figur 3 trifft der Theilstrich, der sich zwischen 3 und 4 der Zoll=Scala befindet, auf die Zehntel=Scala, und schneidet hier 3 Zehntelzolle ab, so daß die Kluppe in Figur 3 ein Maaß von 16,3 Zoll angiebt. Es ist leicht ersichtlich, daß man auf der Zehntel=Scala auch sogar allenfalls Hunderttheile durch Schätzung nach dem Augenmaaße ablesen könnte, wenn dies erforderlich sein sollte; es wird aber in allen Fällen die Abrundung auf Zehntel hinreichen.

Halbe, viertel und dreiviertel Zoll lassen sich auch schon auf der Zoll=Scala ganz genau ablesen. Zeigt z. B. der Zeiger auf den Theilstrich zwischen 20 und 21, so hat man 20½ Zoll. Halbirt dieser Theilstrich den Zwischenraum zwischen dem Zeiger und dem ihm nächsten Theilstrich, so hat man, je nach dem der Raum vor oder hinter dem Zeiger halbirt wird, 20¼ oder 20¾ Zoll. Die Kluppe läßt sich also auch ohne Zehntel=Scala benutzen, wenn die Durchmesser der Rundhölzer nicht auf ganze, sondern auf halbe Zolle abgerundet werden sollen. Wo dies aber allgemein vorgeschrieben oder üblich ist, thut man besser, sich die Kluppe dazu besonders einrichten zu lassen, und zwar in folgender Art:

Die Schenkel und Zeiger erhalten dieselbe Lage wie vorher angegeben ist. Die Haupt=Eintheilung auf dem ersten Balken fängt aber nicht ½, sondern nur ¼ Zoll von der Verlängerung der inneren Seitenfläche des Schenkels an. Von da an wird der Balken von ½ zu ½ Zoll bis zu Ende eingetheilt. Auf dem zweiten Balken ergiebt sich die Eintheilung, wie in allen Fällen, wenn man die Kluppe ganz zusammenschiebt und dann die Theilstriche von dem ersten Balken aus auch über den zweiten hinwegzieht. Die Bezifferung erfolgt nicht, wie bei der vorigen Kluppe in der

Mitte der Fächer, sondern auf den Theilstrichen, einen um den an=
dern, so daß also die Bezifferung für beide Fächer zur Seite des
bezifferten Theilstrichs gilt. Auf dem ersten Balken wird, von dem
Schenkel an gerechnet, der dritte Theilstrich (der also 1¼ Zoll von
der Verlängerung der innern Seitenfläche des Schenkels entfernt
ist) mit 1, der fünfte mit 2, der siebente mit 3 u. s. w., jedes
Mal ein Theilstrich um den andern mit der folgenden Zahl bezeich=
net, bis zu Ende des Balkens. Der Anfang der Bezifferung des
zweiten Balkens bestimmt sich wie immer dadurch, daß beide Zeiger
in der Mitte gleich bezifferter Fächer stehen müssen, und der Zei=
ger auf dem zweiten Balken zugleich in der Verlängerung der in=
nern Seitenfläche des auf demselben stehenden Schenkels liegen
muß. Von da an wird die Bezifferung, wie auf dem ersten Bal=
ken, in umgekehrter Richtung fortgesetzt. Neben jedem bezifferten
Theilstrich wird das zunächst anliegende Fach, nach der höheren Zahl
zu, in dessen Mitte mit ½, oder einfacher, nur mit einem * oder
×, bezeichnet.

Auf dem ersten Balken wird vom Anfange der angegebenen
Theilung an rückwärts, nicht ein ganzer, sondern nur ein halber
Zoll in 5 gleiche Theile (Zehntel=Zolle) getheilt, so daß also die
Verlängerung der Seitenfläche des Schenkels in die Mitte zwischen
den zweiten und dritten Theilstrich dieser Zehntel=Scala trifft. Auf
dem zweiten Balken ergiebt sich die Lage der Zehntel=Scala da=
durch, daß sie, wie immer, der auf dem ersten Balken genau ge=
genüber liegen muß, wenn die Kluppe ganz zusammengeschoben ist.

Fig. 4 giebt die Eintheilung und Bezifferung einer solchen
Kluppe an. Die Balken sind in dieser Figur ganz zusammenge=
schoben. Bei dem Ablesen der auf halbe Zolle abgerundeten Maaße
hat man nun so viel ganze Zolle, wie die Zahl angiebt, die auf
dem Theilstrich steht, der das Fach begrenzt, auf welches der Zeiger
zeigt, und in dem Falle noch ½ Zoll mehr, wenn in demselben
Fache ein * (oder welche Bezeichnung man sonst gewählt hat) steht.

Bei genauen Messungen werden die Zehntel=Zolle ebenso ab=
gelesen, wie bei der vorigen Kluppe, und dann den vollen ganzen
und beziehungsweise halben (5 Zehntel=) Zollen zugesetzt, welche der
Zeiger angiebt.

Mißt man von jedem Rundholzstück oder stehenden Baum zwei Durchmesser über's Kreuz und nimmt davon das arithmetische Mittel, um genauere Resultate zu erhalten, so thut man am besten und ist am wenigsten Irrungen ausgesetzt, wenn man die Zehntel=Scala benutzt, auch dann, wenn man die ausgeglichenen Durch=messer nachher wieder auf ganze oder halbe Zolle abrundet. Hat man nicht viel zu messen, so kann die sehr einfache Rechnung gleich an Ort und Stelle ausgeführt, und es brauchen nur die ausgegli=chenen Durchmesser notirt zu werden; bei lange dauernden derar=tigen Messungen thut man aber besser, fördert die Arbeit mehr und ist weniger Irrungen ausgesetzt, wenn man beide gemessenen Durchmesser aufrufen läßt, notirt, und die ausgeglichenen Durch=messer zu Hause berechnet. Man wendet hierbei am zweckmäßig=sten eine nur in ganze Zolle getheilte, mit Zehntel=Scala versehene Kluppe an, selbst dann, wenn man nachher auf halbe Zolle ab=rundet*).

Außerdem, daß, wie bereits nachgewiesen, die Richtigkeit der beschriebenen Kluppen sehr leicht geprüft werden kann, und jeder Fehler in der Construction sogleich sehr grell in die Augen fällt, haben sie noch die sehr bedeutenden Vorzüge, daß sie durchaus nicht wackeln, und daher damit sehr genau gemessen werden kann; bei dem Ablesen der abgerundeten Maaße, selbst durch einen ungebilde=ten Arbeiter, ein Irrthum kaum möglich ist, und die Kluppen sich eben so gut zum gewöhnlichen Gebrauch als zu den genauesten Messungen eignen; leicht und bequem zu handhaben sind, und für

---

*) Bei dem gewöhnlichen Forstbetriebe empfiehlt es sich, die aufbereiteten Rundholzstücke nur einfach zu messen. Die zu messende Stelle wird oben auf dem liegenden Holze durch einen Schalm bezeichnet und die Kluppe quer über diesen Schalm horizontal angelegt. Man erreicht dadurch den erheblichen Vortheil, daß jede Willkür ausgeschlossen wird, bei jedem Nachmessen dasselbe Resultat gefun=den werden muß, was bei dem Messen über's Kreuz nicht immer der Fall ist. Daß man auf letztere Art bei einzelnen Stücken ein genaueres Resultat erhält, wiegt diesen Vortheil nicht auf. Ueberdies erhält man für die Summe des Kubik=Inhalts einer Mehrzahl von Stücken erfahrungsmäßig stets fast ganz dasselbe Resultat, man mag einfach oder über's Kreuz messen. Bei dem Messen stehen·der Bäume zur Anwendung meiner Massentafeln ist daher noch weniger ein Grund zum Messen über's Kreuz vorhanden. Dagegen ist dies bei dem Messen von Musterbäumen allerdings zu empfehlen.

einen geringen Preis hergestellt werden können. Der hiesige Tisch=
lermeister Arendholdt fertigt eine Kluppe mit feststehenden
Schenkeln für 22½ Sgr., mit Schenkeln zum Zusammenlegen für
1 Thlr. 20 Sgr.

Andere Kluppen tränkt man stark mit heißem Leinöl, um das
Quellen und Eintrocknen zu verhindern. Dies kann auch mit un=
seren Kluppen geschehen, doch hüte man sich, Nuth und Feder mit
einzuschmieren; wenn das Oel trocken geworden ist, würde sich die
Kluppe kaum noch schieben lassen. Will man Nuth und Feder ein=
schmieren, was bei aus trockenem Holze gut construirten Kluppen
nicht nöthig ist, so wähle man dazu ein Oel oder Fett (Baumöl,
Schmalz), das nicht trocknet.

V.
Das Meßbrett und dessen Anwendung, insbesondere zum Messen der Baumhöhen.

Es scheint, daß bei uns die Anwendung von Höhenmessern noch keinen rechten Eingang gefunden hat. Noch vor Kurzem hat man bei der Abschätzung eines großen und wichtigen Kiefern-Reviers die Bestandeshöhen durch Fällen von Bäumen, nur allein zu diesem Zweck, und Messen derselben im Liegen ermittelt, während es doch sehr leicht gewesen wäre, einen zweckmäßigen Höhenmesser zu beschaffen und damit in viel kürzerer Zeit, ohne einen Baum fällen zu lassen, eben so genau die Bestandeshöhen zu bestimmen. Es ist gegen den Gebrauch des Höhenmessers angeführt und auch richtig, daß man in dichten Holzbeständen nicht den Wipfel eines jeden Baumes sehen und dessen Höhe messen kann. In Kiefernbeständen jedoch, besonders da dergleichen Messungen hauptsächlich nur in älteren Beständen auszuführen sind, wird der Fall nicht häufig eintreten, daß man fast für jeden Baum nicht einen Standpunkt finden sollte, von wo aus dessen Fuß und Wipfel gesehen und dessen Höhe gemessen werden kann; und selbst bei Holzarten, die sich auch im höheren Alter geschlossener halten als die Kiefer, werden sich in alten Beständen stets kleine Lücken finden, wo die Höhe solcher Stämme gemessen werden kann, die als Musterbäume für die Bestandeshöhe gelten können. Die Anwendung eines Höhenmessers halte ich bei allen Forst-Abschätzungen für unentbehrlich; denn von dem Ansprechen nach dem Augenmaaße ist man jetzt doch wohl schon ziemlich allgemein zurückgekommen.

Von allen mir bekannt gewordenen Instrumenten zum Messen der Baumhöhen, wovon die am meisten angewendeten: Schmalkalder's Höhenmesser, der ihm ähnliche Rheinische Quadrant, Mayer's oder Hoßfeld's Höhenmesser, Fleischmann's Höhenmesser*), Smalian's Höhenmesser und der ihm nachgebildete

*) Fleischmann's Höhenmesser läßt sich leicht mit der unter IV. beschriebenen Kluppe verbinden, indem man · an einem Schenkel eine Vorrichtung zum

Preßler's Meßknecht, Faustmann's Spiegel=Hypsometer und das von König besonders empfohlene Meßbrett, gebe ich den beiden letzteren den Vorzug, obgleich auch mit den andern hinreichend richtige Messungen ausgeführt werden können; jedoch mit mehr oder weniger Umständlichkeit. Von Faustmann's Spiegel=Hypsometer findet sich eine Beschreibung in der Allg. Forst= und Jagd=Zeitung von 1856, Seite 441, und Herr Faustmann giebt jedem von ihm bezogenen Instrument eine Gebrauchs=Anweisung bei, weshalb es nicht nöthig ist hier näher darauf einzugehen. Auch von dem Meß= brett findet man Beschreibung und Gebrauchs=Anweisungen in fast allen Schriften, die von Baum=Messungen handeln; es ist aber doch noch Manches zu beachten, um dies übrigens sehr einfache Instru= ment brauchbar herzustellen, und zu dem vielfachen Gebrauch anzu= wenden, dessen es fähig ist, was man nirgends angegeben findet. Es dürfte sich dadurch rechtfertigen, hier einmal auf diesen Gegen= stand ausführlich einzugehen.

1. Anfertigung des Meßbrettes.

Man läßt sich von einem Tischler ein Brett in Quadratform von 5 Zoll Seitenlänge und ¾ Zoll Stärke anfertigen. Es muß dazu gut ausgetrocknetes hartes Holz, etwa Birnbaumholz, genom= men werden. Wichtig ist, daß sich das Brett durch späteres Zu= sammentrocknen, wenigstens nicht in der Form, wesentlich ändert*)

Visiren (ein paar Visirstifte) und zum Anhängen eines Loths, und auf dem mit demselben Schenkel verbundenen Balken eine Scala zum Ablesen der Cotangente des Höhenwinkels (die mit diesem Höhenmesser gefunden wird) anbringt. Da man aber mit Fleischmann's Höhenmesser nur die Oberhöhe (wovon später die Rede sein wird) erhält, dabei noch rechnen oder eine Tabelle benutzen muß, die Unterhöhe (s. nachher) nur nach dem Augenmaaß bestimmt werden kann, wobei leicht um 1 bis 2 Fuß gefehlt wird, so ist das Meßbrett vorzuziehen.

*) Es ist nothwendig von Zeit zu Zeit zu prüfen, ob das Meßbrett sich nicht verzogen hat, indem man mit einem Zirkel untersucht, ob die Seiten des aufgezeichneten großen Quadrats noch alle einander gleich sind. Ist dies nicht der Fall, so muß das Papier abgehobelt, das Brett neu beklebt und eine neue Zeichnung gemacht werden. Die Verwendung des alten Brettes ist der Anferti= gung eines neuen vorzuziehen, weil man bei jenem weniger der Gefahr ausgesetzt ist, daß es sich noch weiter verziehen wird.

Findet man bei der Untersuchung, daß das Brett sich ungleich zusammen= gezogen hat, und von 100 Theilen der einen Quadratseite 100 + v Theile auf und deshalb gut, es mindestens aus zwei Stücken von derselben Größe und der halben Stärke so zusammenleimen zu lassen, daß die Holzfasern beider Theile in einander durchkreuzenden Richtungen zu liegen kommen. Auf der Rückseite wird auf dem Durchschnitts= punkt beider Diagonalen ein cylindrisches Loch, 0,6 Zoll im Durch= messer, so eingebohrt, daß ¼ bis ⅓ der Dicke des Brettes nicht durchgebohrt übrig bleibt. In eine der schmalen Seitenwände wird in der Mitte ein Loch eingebohrt, um das Loth, wovon nachher die Rede sein wird, hineinstecken zu können, wenn das Instrument sich nicht im Gebrauch befindet.

Von Zeichnenpapier schneidet man ein Quadrat aus, dessen Seiten um 0,1 Zoll kürzer sind, als die Seiten des Brettes, damit, wenn das Papier auf das Brett geklebt ist, an allen Kanten ein Rand von 0,05 Zoll Breite unbeklebt übrig bleibt. Es geschieht dies deshalb, damit das Papier nicht so leicht am Rande beschmutzt wird, wo man das Brett beim Visiren zwischen den Fingern hält, auch das Papier sich am Rande durch die Berührung nicht so leicht ablöst. Das Ausschneiden des Papiers geschieht am einfachsten, wenn man das Brett mit einer breiten Seitenfläche darauf legt, längs zwei aneinanderstoßenden Seitenflächen desselben mit einem scharfen Messer das Papier durchschneidet, von beiden Schnitten von ihrem Durchschnitt aus, 4,9 Zoll mit einem Zirkel absticht, das Brett dann wieder an einen der Schnitte so anlegt, daß eine Ecke desselben an den Zirkelstich trifft, nun die dritte und endlich ebenso die vierte Seite abschneidet. Oder man zeichnet in derselben Art

---

die anstoßende Seite gehen, die einander gegenüber liegenden Seiten aber gleich sind, so ist, wenn mit diesem Instrument eine Höhe $= h$ gefunden wird, die richtige Höhe $= h \pm \dfrac{hv}{100}$. Das obere Zeichen gilt, wenn bei dem Visiren die schmale Seite des Brettes nach dem Auge zugerichtet ist, das untere, wenn dies mit der breiten Seite der Fall ist.

Die Prüfung kann auch erfolgen, indem man von ein und demselben Stand= punkt eine Höhe zwei Mal mißt, und dabei ein Mal das Meßbrett in der rech= ten Hand durch den einen, das andere Mal in der linken Hand haltend, durch den andern Sägeschnitt visirt. Ergeben sich hierbei verschiedene Resultate, so er= hält man das richtige Maaß der Höhe, wenn man das arithmetische Mittel aus beiden Ergebnissen nimmt. Man kann also auch mit einem ungleich zusammen= getrockneten Meßbrett allenfalls eine Höhe richtig messen.

erst die Seitenlinien des Papiers mit Blei vor und schneidet es dann mit der Papierscheere aus.

Das Aufkleben des Papiers gelingt am besten mit Gummi*), womit man das Brett und auch das Papier mit Hülfe eines Pinsels bestreicht. Nachdem das Papier in der richtigen Lage auf das Brett gelegt ist, drückt man es mit einem Tuche an, legt ein reines Blatt Papier darauf, und reibt es mit einem Falzbein überall fest an, besonders an den Ecken und Kanten. Sollte die gleich anzuführende Zeichnung schon vor dem Aufkleben auf dem Papier gemacht sein, so darf man dasselbe nicht, sondern nur das Brett mit Gummi bestreichen, weil durch das Anfeuchten das Papier sich leicht ungleich ausdehnen und dadurch die Zeichnung sich verziehen könnte.

Nachdem das Papier vollständig getrocknet ist, zieht man über dasselbe mit Blei zwei Diagonalen nach den Ecken des Brettes, setzt die eine Spitze eines Zirkels in den Durchschnitt beider Diagonalen, öffnet ihn bis 0,3 Zoll von einer Ecke des Brettes und durchschneidet mit dieser Oeffnung die Diagonalen an drei Stellen. Verbindet man die drei Durchschnittspunkte durch gerade Linien, so bilden diese bekanntlich einen rechten Winkel, dessen Schenkel gleich lang sein müssen, wenn das Brett ein richtiges Quadrat bildet. Ergiebt eine. mit dem Zirkel vorzunehmende Prüfung, daß die Schenkel nicht gleich lang sind, so trägt man den kürzeren auf den längeren von dem Scheitelpunkt aus auf. Dann schlägt man mit derselben Zirkelöffnung von den berichtigten Endpunkten der Schenkel aus, zwei sich schneidende Bogen in der Gegend der vierten Ecke des Brettes, und verbindet diesen Durchschnitt durch gerade Linien mit den Endpunkten der Schenkel. Die Seite des auf diese Weise erhaltenen Quadrats, die man noch in dem Zirkel hat, sticht man auch noch auf ein paar geraden Linien ab, die man auf ein besonderes Blatt Papier gezogen, um darauf die nachfolgende Eintheilung zu probiren; weil, wenn man diese Proben auf dem Meß-

---

*) Das Aufleimen mißlingt dem Ungeübten häufig, indem der Leim leicht unter der Hand erkaltet. Um dies zu verhindern, erwärmt man das Brett vorher, legt auf das aufgeklebte Papier ein paar Blätter anderes reines Papier, darauf ein erwärmtes anderes glattes Brett und preßt das Ganze.

brett selbst machen wollte, das Papier auf demselben leicht zu sehr zerstochen werden könnte.

Jede Quadratseite wird nun in 20 gleiche Theile getheilt. Dies geschieht am einfachsten, indem man sie — am besten durch Probiren — einmal in 4 und einmal in 5 gleiche Theile theilt. Ist dies bei allen vier Seiten geschehen, so setzt man den Zirkel, bei derselben Oeffnung, womit die letzte Theilung ausgeführt wurde, nach einander in jeden Punkt, den man durch die erste Theilung erhielt, und trägt von da aus in beiden Richtungen die zweite Theilung noch auf jede Seite so oft auf, als nöthig ist, um die Eintheilung jeder Seite in 20 gleiche Theile zu vollenden.*) Die Theilpunkte auf den einander gegenüber liegenden Quadratseiten werden durch gerade Linien so mit einander verbunden, daß diese Linien mit den Quadratseiten parallel laufen. Sie werden gleich und endlich auch die vorher nur mit Blei gezogenen Quadratseiten, mit Tusche oder Dinte ausgezogen. Zur besseren Unterscheidung kann man eine Linie um die andere, und zwar diejenigen, an deren Enden nachher die Ziffern kommen, etwas stärker ausziehen.

Von den Eckpunkten des so eingetheilten Quadrats wird nun einer zum Anheftungspunkt des Loths bestimmt, und von da anfangend werden auf dem frei gebliebenen Papierrande die Endpunkte der Parallellinien wie folgt mit Ziffern bezeichnet. An jeder der beiden Quadratseiten, die in dem Anheftungspunkt des Loths zusammentreffen, wird, von diesem an gerechnet, der zweite Punkt mit 10, der vierte mit 20, der sechste mit 30 u. s. w. bezeichnet, so daß endlich die Endpunkte beider Quadratseiten 100 erhalten. Von hier anfangend, werden die beiden andern Quadratseiten ebenso beziffert, so daß da, wo sie zusammentreffen, für beide geltend, wieder 100 zu stehen kommt.

Zum Visiren werden mit einer feinen Säge zwei 0,05 Zoll

---

*) Es ist zwar anzunehmen, daß die Leser wohl alle wissen werden, wie man ein Quadrat construirt und wie man eine Linie in gleiche Theile theilt; nicht ein Jeder möchte aber sogleich darauf kommen, welche der verschiedenen Methoden in dem vorliegenden Falle auf dem kürzesten Wege zu dem richtigsten Resultat führt; und oft genug bin ich Augenzeuge davon gewesen, wie bei der Anfertigung von Meßbrettern unzweckmäßig verfahren wurde, weshalb diese ausführliche Anleitung nicht so ganz überflüssig sein möchte.

breite Einschnitte, rechtwinklich auf einander, quer über die vordere Seite des Brettes gemacht. Sie müssen genau längs zwei der auf dem Papier befindlichen Linien geführt werden, wozu man am zweckmäßigsten die beiden wählt, welche zwischen denen liegen, die, zunächst dem Anheftungspunkte des Loths, an beiden Enden, die eine mit 10, die andere mit 20 bezeichnet sind; also die beiden Linien, welche 15 erhalten haben würden, wenn man sie alle bezeichnet hätte. Diese Linien zieht man deshalb auch gleich über das Papier hinaus, quer über das ganze Brett von einer Kante desselben bis zur andern, und reißt von den Endpunkten beider Linien auf den schmalen Seitenflächen des Brettes die Richtung der Schnitte vor, die rechtwinklig auf der vorderen Seitenfläche stehen müssen. Die Sägeschnitte erhalten eine Tiefe von ⅓ der Dicke des Brettes.

Der Lothfaden kann auf zweierlei Art befestigt werden, entweder indem man ihn durch ein feines Loch zieht, das man durch das Brett bohrt, oder indem man ihn an eine eingeschlagene kleine Drathkramme hängt. Da es bei der ersteren Art nicht ausführbar sein würde, ein hinreichend feines Loch durch das ganze Brett hindurch zu bohren, so bohrt man von der Rückseite aus ein größeres cylindrisches Loch von 0,3 Zoll Durchmesser so weit entgegen, daß bis zur Vorderseite noch 0,1 Zoll undurchbohrt bleibt. Diesem entgegen wird dann von der Vorderseite aus mit einer Nadel ein Loch durchgebohrt, das nicht größer sein darf, als daß ein seidener Faden von mäßiger Stärke hindurch gezogen werden kann. Dies kleine Loch muß sehr genau durch den Eckpunkt des Quadrats gehen, der vorher zum Anheftungspunkt des Loths bestimmt war, und die Mitte des entgegengebohrten größeren Loches treffen. Man hat sich zu hüten, bei dem Bohren die Nadelspitze abzubrechen, denn wenn sie in dem Holze stecken bleibt, so ist man genöthigt, den Anheftungspunkt des Loths zu verändern, wodurch eine Aenderung der ganzen Zeichnung bedingt wird. Durch das Loch wird ein Faden von fester schwarzer oder rother Seide durchgezogen und an dem Ende auf der Vorderseite das noch zu beschreibende Loth so lang angebunden, daß es etwa eine Hand breit unter dem Brett hängt. Das andere Ende des Fadens wickelt man um die Mitte eines Stückchens von einer Vogelfeder, knickt dasselbe in der Mitte zusammen, steckt es in das größere Loch für den Lothfaden auf der Rückseite des Brettes und schneidet die vorstehenden Enden der Feder ab. Soll nachher der Faden verlängert oder verkürzt oder ein abgerissener Faden ersetzt werden, so läßt sich die Feder leicht mit einer Messerspitze herausziehen, und der Reservefaden ab- oder weiter aufwickeln.

Statt den Lothfaden durch ein Loch zu ziehen, kann er auch an einer kleinen Drathkramme aufgehängt werden. Man macht sie aus einer Stecknadel, von welcher man den Knopf mit einer Zange abkneift, so daß sie noch eine Länge von 0,5 Zoll behält. Das Ende, wo der Knopf saß, wird ebenso wie das andere Ende spitz gefeilt, die Nadel dann in der Mitte so gebogen, daß sie die Form einer Kramme erhält. Diese wird so in das Brett eingeschlagen, daß der eine Fuß derselben genau in den Anheftungspunkt des Loths, der andere auf die durch diesen Punkt gehende Diagonale, nach der Ecke des Brettes zu, zu stehen kommt. Man stellt zuerst die Kramme in dieser Stellung auf das Brett, und bezeichnet durch Andrücken den Punkt, wo der zweite Fuß hinkommen wird, bohrt mit einer anderen Nadel beide Löcher etwas vor und schlägt die Kramme ein. Sie darf nicht mehr vorstehen, als zum Einhängen des gleich zu beschreibenden Hakens erforderlich ist, weil sie sonst durch Anstoßen leicht würde verbogen werden können. Den Haken biegt man gleichfalls von einer Stecknadel in Form eines S, womit der am untern Ende desselben angebundene Lothfaden in die Kramme eingehängt wird.

Das Loth, ¼ Zoll stark und 1½ Zoll lang, gießt man sich von Blei in ein Endchen Dachrohr von passender Stärke. Das Rohr wird im Innern gereinigt, an einem Ende verstopft, mit demselben auf den Heerd gestellt und, indem man es mit einer Zange hält, das flüssige Blei hineingegossen. Nachdem es kalt geworden, wird das Rohr abgeschnitten, das Loth an einem Ende von beiden Seiten etwas breit geschnitten, und da ein Loch zum Anbinden des Fadens hindurchgebohrt. *)

---

*) Auch eine Büchsenkugel schwachen Kalibers kann als Loth benutzt werden; ein solches schwankt aber etwas mehr als ein Loth von cylindrischer Form.

Das Meßbrett kann lackirt werden, die vorderen Kanten dürfen aber nicht glatt sein, damit der Lothfaden nicht zu leicht davon abgleitet. Ein unlackirtes Brett bleibt aber auch lange brauchbar, und wenn die Zeichnung undeutlich wird, ist sie leicht durch eine neue ersetzt, indem man das alte Papier abhobeln läßt und das Brett neu beklebt. Die neue Zeichnung muß sich dann aber nach den schon vorhandenen Sägeschnitten und dem alten Lothpunkt richten, oder man muß die Sägeschnitte durch eingeleimte Holzspäne ausfüllen und nachher auf einer andern Stelle neue machen.

Das Meßbrett wird passend in einem Futteral von dünner Pappe aufbewahrt, wie man sie zu den reducirten Forstkarten hat.

Das beschriebene Meßbrett fertigt der hiesige Tischlermeister **Arendtholdt** für 20 Sgr.

2. Anwendung des Meßbretts zum Abstecken und Messen horizontaler Winkel.

Steckt man in das Loch in der Mitte der Rückseite des Meßbretts einen passenden am andern Ende zum Einstecken in die Erde zugespitzten Stock, so kann dasselbe damit horizontal aufgestellt und als Kreuzscheibe zum Abstecken rechter Winkel gebraucht werden. Zum Visiren dienen die beiden Sägeschnitte. Der Durchschnitt derselben muß sich bei dem Abvisiren der Schenkel des Winkels lothrecht über den Punkt befinden, der den Scheitel des Winkels bilden soll.

Auch spitze Winkel lassen sich mit dem Meßbrett bis auf ½ Grad richtig messen und abstecken, wenn man einen Sägeschnitt in den einen, den mit der Hand etwas angespannten Lothfaden in den andern Schenkel des zu messenden oder abzusteckenden Winkels einvisirt. Fällt der Faden hierbei mit der Diagonale des Quadrats zusammen, so enthält der Winkel bekanntlich 45 Grad; er ist kleiner als 45 Grad, wenn der Faden zwischen der Diagonale und dem andern Schenkel zu liegen kommt; größer als 45 Grad ist dagegen der Winkel, wenn die Diagonale zwischen beiden Schenkeln liegt. Im ersteren Falle giebt das Meßbrett die „Tangente", im zweiten Falle die „Cotangente" des Winkels für den Halbmesser = 100 an. Tangente und Cotangente werden nämlich abgelesen an der Seite

4 *

des Quadrats, die von den Faden geschnitten wird. Trifft der Faden hier z. B. den mit 70 bezeichneten Punkt, und der Winkel ist kleiner als 45 Grad, so ist dessen Tangente = 70; sie ist = 75, wenn der Faden den nicht besonders bezeichneten Punkt in der Mitte zwischen 70 und 80 trifft; sie wird zwischen 75 und 80 betragen, wenn der Faden zwischen diese beiden Punkte zu liegen kommt, und man wird nun nach dem Augenmaße leicht beurtheilen können, ob der Faden näher an 75 liegt, die Tangente also 76 oder 77 oder näher an 80, sie mithin 78 oder 79 beträgt. Ist der Winkel über 45 Grad, so schneidet der Faden eine andere Seite des Quadrats, auf welcher man dann die Cotangente ebenso abliest, wie vorher für die Tangente gezeigt worden ist.

Bei stumpfen Winkeln mißt man deren spitze Nebenwinkel, indem man einen Sägeschnitt und den Lothfaden von entgegengesetzten Seiten in die Schenkel des zu messenden Winkels einvisirt.

Für die mit dem Meßbrett gefundene Tangente oder Cotangente giebt die unter D. beigefügte Tabelle den Winkel in Graden und Minuten, so wie dessen Sinus und Cosinus an. *)

3. Nivelliren.

Als Stativ dient ein ungefähr 5 Fuß langer, 1½ Zoll starker unten zugespitzter Stab, etwa ein Meßkettenstab, oder Besenstiel, in den man in der Nähe des oberen Endes, rechtwinklig auf die Axe, ein Loch quer durchgebohrt hat. Vermittelst eines darin passenden 3 Zoll langen Zapfens, dessen anderes Ende in das Loch auf der Rückseite des Meßbrettes paßt, wird dies an den in die Erde gesteckten Stab angesteckt und bei lothrechter Stellung so gedreht, daß der Faden des frei herabhängenden Loths eine der beiden Quadratseiten deckt, die in dem Anheftungspunkt des Loths zusammentreffen. Hierdurch ist einer der Sägeschnitte horizontal gestellt,

---

*) Einen Gradbogen auf dem Meßbrett anzubringen, wie von König und nach ihm von Andern empfohlen wird, ist nicht praktisch, weil die Zeichnung dadurch an Deutlichkeit verliert, und auch unnöthig, weil mit dem Meßbrett auch ohne Gradbogen Horizontal- und Vertikalwinkel eben so gut gemessen werden können, wie soeben gezeigt worden ist und weiterhin noch gezeigt werden wird.

durch den man nun eine horizontale Linie abvisiren und so weiter das Meßbrett wie ein Nivellir-Instrument gebrauchen kann.

4. Messen und Abstecken von Böschungen.

Um die Steigung einer Anhöhe zu messen, stelle man das Meßbrett am Fuße derselben mit dem unter 3. angegebenen Stativ auf, stecke oben in der Linie, deren Steigung gemessen werden soll, einen Stab in die Erde, an den man ein aus der Ferne sichtbares Zeichen gemacht hat, das sich eben so hoch über dem Boden befindet wie der Sägeschnitt, durch welchen man, den Anheftungspunkt des Loths nach oben gerichtet, dahin visirt. Der ruhig hängende Lothfaden giebt dann auf der bezifferten Randlinie, die er schneidet, wenn sie mit der Visirlinie parallel ist, die Steigung in Procenten der Horizontal-Entfernung an, die zugleich die Tangente des Höhenwinkels ist, und, wie vorher unter 2. gezeigt worden, abgelesen wird.

Ist der Höhenwinkel größer als 45 Grad, so schneidet der Lothfaden nicht die Quadratseite, die mit der Visirlinie parallel ist, sondern die, welche auf der letzteren senkrecht steht, und giebt hier die Contangente des Höhenwinkels an, wozu die Tangente in der hier beigefügten Tafel D. und auch durch die Formel tang. $= \dfrac{100^2}{\text{cot.}}$ gefunden wird. Trifft z. B. der Faden den mit 80 bezeichneten Punkt und der Höhenwinkel ist kleiner als 45 Grad, so ist dessen Tangente = 80, die Steigung beträgt 80 Procent der horizontalen Entfernung des anvisirten Punktes und der Höhenwinkel ist nach der Tabelle, wenn man auf die Ueberschriften sieht, 38 Grad 40 Minuten. Trifft der Faden den ebenfalls mit 80 bezeichneten Punkt auf der andern Seite des Quadrats, so daß der Höhenwinkel über 45 Grad beträgt, so ist die Contangente = 80 und nach der Tabelle, wenn man auf die Unterschriften sieht, die Tangente = 125, der Höhenwinkel = 51 Grad 20 Minuten, und die Steigung beträgt 125 Procent der horizontalen Entfernung.

Wenn man dieselbe Linie aus der Höhe nach der Tiefe abvisirt, so erhält man für das Gefälle und den Tiefenwinkel natürlich dasselbe Resultat, als durch Visiren aus der Tiefe nach der Höhe für die Steigung und den Höhenwinkel.

Daß man an einem Berge eine vorher bestimmte Steigung, z. B. zur Anlage eines Weges, abstecken kann, wenn man den erwähnten Stab mit dem Zeichen durch einen Gehülfen so aufstellen läßt, daß das Meßbrett bei dem Visiren nach dem Zeichen die verlangte Steigung anzeigt, bedarf keiner weiteren Ausführung.

Das Meßbrett ist besonders dazu bestimmt, ohne Stativ aus freier Hand gebraucht zu werden. Dies kann auch bei dem Messen von Steigungen und Gefällen ebenso wie bei dem Höhenmessen geschehen. Bei dem Visiren aus freier Hand umfaßt man das Brett in der Mitte der Rückseite mit der vollen linken Hand, so daß die Spitze des Zeigefingers in das in der Mitte des Brettes befindliche Loch zu liegen kommt, und der Anheftungspunkt des Lothfadens nach oben gerichtet ist, hält es lothrecht vor das Auge und visirt durch den passenden Sägeschnitt nach dem Object. Die rechte Hand hemmt durch leises Berühren die zu starken Schwingungen des Loths. In dem Augenblick, wenn das Object durch den Sägeschnitt gesehen wird und das Loth zugleich frei und ruhig hängt, wendet man das Brett so viel nach links, daß der Faden an der Kante des Brettes, die deshalb nicht glatt sein darf, hängen bleibt, drückt mit dem Zeigefinger der rechten Hand den Faden behutsam an die Kante, bringt das Brett vor das Gesicht und liest den Stand des Lothfadens ab. Dasselbe Verfahren muß zwei Mal wiederholt dasselbe Resultat geben, um sicher zu sein, daß der Faden nicht verschoben worden ist.

5. Reduction geneigter Linien auf den Horizont.

a) Liegen zwei Punkte in verschiedenen Höhen über dem Horizont, deren horizontale Entfernung man wissen will, so mißt man die directe Entfernung derselben und mit dem Meßbrett die Tangente des Höhen- oder Tiefwinkels in derselben Art, wie vorher unter 4. gezeigt worden ist, sucht zu dieser Tangente den Cosinus in der beifolgenden Tafel, dividirt ihn durch 100 und multiplicirt mit dem Quotienten die directe Entfernung. Liegen z. B. an einem Berge, zwei Punkte auf der schiefen Fläche gemessen, 83 Fuß auseinander, beträgt die Tangente des Neigungswinkels, mit dem Meßbrett gemessen, 38, so ist nach der Tafel D. der zugehörige Cosinus

$= 93,5$ und die horizontale Entfernung beider Punkte $= 83$ $\times 0,935 = 77,6$ Fuß.

Es läßt sich dies auch ohne Tafel nach der Formel

$$x = \frac{100a}{\sqrt{100^2 + n^2}}$$

berechnen, worin x die horizontale Entfernung, a die directe Entfernung und n die Tangente des Neigungswinkels, wie sie das Meßbrett angiebt, bedeuten.

b) Soll auf einer geneigten Fläche eine gerade Linie abgesteckt werden, deren Horizontal-Projection eine bestimmte Länge hat, so steckt man die Linie ungefähr von der verlangten Länge ab, mißt mit dem Meßbrett die Tangente des Neigungswinkels, sowie vorher unter 4. gezeigt worden ist, sucht zu dieser Tangente in der beifolgenden Tafel den Cosinus, dividirt damit in das 100fache der gegebenen reducirten Linie, so giebt der Quotient die verlangte Länge der geneigten Linie an, wonach die zuerst ungefähr abgesteckte Linie zu berichtigen ist. Die Tangente des Neigungswinkels der berichtigten Linie muß eben so groß sein, wie sie vorher gefunden wurde; ist dies bei dem Nachmessen derselben mit dem Meßbrett nicht der Fall ist, so muß danach die Länge der Linie nochmals berichtigt werden. Soll z. B. die reducirte Linie 80 Fuß lang sein, und wird die Tangente des Neigungswinkels $= 30$ gefunden, so ist der dazu gehörige Cosinus nach der Tafel D. $= 95,8$ und die gesuchte Länge der geneigten Linie $= \dfrac{100 \times 80}{95,8} = 83,5$ Fuß.

Es läßt sich dies auch ohne Tafel nach der Formel

$$x = \frac{a}{100} \sqrt{100^2 + n^2}$$

berechnen, worin x die Länge der gegen den Horizont geneigten Linie, a deren Horizontal-Projection und n die Tangente des Winkels ist, den beide mit einander bilden, wie sie mit dem Meßbrett gefunden wird.

6. Höhenmessung.

Das Meßbrett ist hauptsächlich zum Höhenmessen, besonders zum Messen der Höhen stehender Bäume bestimmt. Den höchsten

Punkt der zu meſſenden Höhe nennt man „Höhenpunkt", den tief=
ſten „Fußpunkt". Beide liegen in der „Höhenaxe", nemlich in der
lothrechten Linie, die man ſich durch den Höhenpunkt gezogen denkt.
Man findet die Höhenaxe, wenn man einen vor das Auge gehalte=
nen freihängenden Lothfaden nach dem Höhenpunkt einviſirt, zugleich
nach dem Boden viſirt, und die Linie bezeichnen läßt, in welcher
die Viſir=Ebene den Boden trifft. Wiederholt man daſſelbe Ver=
fahren von einer andern Seite, ungefähr rechtwinklig auf die vorige
Richtung, ſo iſt der Punkt, in welchem beide auf dem Boden be=
zeichnete Linien ſich ſchneiden, der Punkt, in welchem die Höhenaxe
den Boden trifft, und zugleich der Fußpunkt, wenn nemlich die
Höhe von da bis zum Höhenpunkt gemeſſen werden ſoll. Gewöhn=
lich genügt es die Höhenaxe nach dem Augenmaaße zu beſtimmen,
oder die Axe des Baumſchaftes dafür anzunehmen, wenn der Baum
nicht augenſcheinlich ſchief ſteht, oder deſſen Wipfel nach einer Seite
überhängt.

Von der Höhenaxe geht man ungefähr ſo weit ab, wie der
Höhenpunkt vom Boden entfernt iſt, nach einer Stelle hin, von
wo Höhenpunkt und Fußpunkt deutlich geſehen werden können.
Dieſe Entfernung, die „Standlinie", wird gemeſſen, und wenn ſie
nach dem Augenmaaß horizontal iſt, deren Länge in Fußen ſo be=
ſtimmt, daß die Zahl derſelben auf 0 oder 5 ausgeht. Iſt die
Standlinie erheblich gegen den Horizont geneigt, was man aber in
der Regel vermeiden kann, ſo muß die Länge ihrer Horizontal=
Projection auf 0 oder 5 ausgehen, die Länge der geneigten Linie
alſo ſo beſtimmt werden, wie vorher unter 5. b gezeigt worden iſt.
Zum Meſſen der Standlinie kann man ſich eine Ruthe jedes Mal
an Ort und Stelle zurichten, am beſten 10 Fuß lang, um alles
Multipliciren zu vermeiden.

Bedient man ſich dazu, was zu empfehlen iſt, eines etwa
100 Fuß langen in Leinölfirniß getränkten Meßbandes, das durch
Querſtriche in Fuße getheilt, deren Zahl beigeſchrieben iſt, und auf
eine Haspel, oder auf eine in einer Blechkapſel ſich drehende Welle
aufgerollt wird, ſo kann man die Standlinie auch auf folgende Art
beſtimmen: Durch einen am Anfange der Eintheilung an das Meß=
band genäheten Ring ſteckt man an einen Nagelbohrer, ſehr ſtarken

Pfriem oder dergleichen, und befestigt ihn damit am Baum — in der Höhenare — in beliebiger Höhe, spannt das Meßband in horizontaler Richtung mäßig an, und bestimmt den Endpunkt der Standlinie so, daß deren Länge in Fußen auf 0 oder 5 ausgeht.

Ist das Messen in horizontaler Richtung nicht ausführbar, was nur selten der Fall ist, so befestigt man das Band im Fußpunkt, spannt es bis dahin aus, wo man ungefähr den Endpunkt der Standlinie annehmen will, visirt mit dem Meßbrett von da nach dem Anheftungspunkt des Bandes, liest die Tangente des Neigungs=winkels so ab, wie vorher unter 4. gezeigt worden ist, bestimmt die horizontale Entfernung zwischen dem Standpunkt und der Höhen=are in runder Zahl, so daß sie auf 0 oder 5 ausgeht, nach Gut=dünken, und berechnet danach die Länge, welche man der geneigten Standlinie zu geben hat. Ist z. B. die horizontale Entfernung $= 70$ Fuß angenommen, die Tangente mit dem Meßbrett $= 28$ gefunden, so ist nach 5. b. die Länge der geneigten Standlinie

$$= \frac{100 \times 70}{96{,}3} = 72{,}7 \text{ Fuß.}$$

In dieser Länge wird nun das Band so angespannt, daß der Endpunkt sich in der Höhe des visirenden Auges befindet, und von diesem Punkt aus nochmals nach dem An=heftungspunkt des Bandes visirt. Ergiebt sich hierbei eine andere Tangente, als bei dem vorigen Visiren, so muß danach, wenn die Differenz erheblich ist, die Länge der geneigten Standlinie noch be=richtigt werden.

Visirt man von dem Endpunkt der Standlinie eine Horizontal=linie nach der Höhenare, — die man sich hierzu nöthigen Falls, wenn der zu messende Baum auf einem Berge steht, in den Boden hinein verlängert denken kann, — so ab, wie vorhin unter 3. ge=zeigt worden ist, so ist der Punkt, wo die Visirlinie die Höhenare oder deren Verlängerung trifft, der „Horizontalpunkt". Die Ent=fernung des Höhepunkts vom Horizontalpunkt heißt „Oberhöhe", die Ent=fernung des Fußpunkts vom Horizontalpunkt „Unterhöhe". Es ist nicht nöthig, den Horizontalpunkt wirklich abzuvisiren.

Ist der Endpunkt der Standlinie festgestellt, so stellt man sich mit dem Meßbrett so auf, daß, wenn man ein Stativ benutzt, die Mitte des Meßbrettes, wenn man aus freier Hand visirt, das vifirende Auge sich im Endpunkt der Standlinie, oder in der loth= rechten Linie befindet, die durch den Endpunkt geht. In dieser Stellung, den Lothpunkt nach oben gerichtet, visirt man — in der Regel aus freier Hand, so wie vorher unter 4. gezeigt worden ist, — nach dem Höhepunkt, hält den Lothfaden in der ihm hierdurch gegebenen Lage fest, sucht unter den Linien auf dem Meßbrett, die mit dem Sägeschnitt parallel sind, durch welchen visirt wurde, die= jenige auf, deren Bezifferung an beiden Enden der horizontalen Länge der Standlinie, in Fußen ausgedrückt, entspricht, und ver= folgt sie bis zu dem Lothfaden. Die Lage des Durchschuittspunkts dieser Linie und des Fadens giebt die Oberhöhe an. Fällt dieser Punkt zusammen mit dem Durchschnitt derselben Linie und einer von denen, welche sie rechtwinkelig schneiden, so enthält die Ober= höhe so viel Fuß wie die Zahl angiebt, die sich an beiden Enden der schneidenden Linie findet. Fällt der Durchschnitts= punkt des Fadens mit der Linie, deren Bezeichnung der Länge der Standlinie entspricht, zwischen zwei von den Linien, die jene schneiden, so fällt auch die Anzahl Fuße, welche die Oberhöhe ent= hält, zwischen die Zahlen, womit diese Linien auf dem Meßbrett bezeichnet sind, und man kann nun nach dem Augenmaaße beurthei= len, wie viel der kleineren dieser Zahlen zuzusetzen oder von der größeren abzuziehen ist, um die Oberhöhe richtig zr erhalten. Ist z. B. die horizontale Standlinie 70 Fuß lang, und der Durch= schnitt des Fadens und der auf dem Meßbrett mit 70 bezeichneten Linie, welche parallel mit dem Sägeschnitt ist, durch welchen visirt wurde, fällt zusammen mit dem Durchschnitt derselben Linie und der, welche mit 80 bezeichnet ist, so beträgt die Oberhöhe 80 Fuß; sie beträgt 85 Fuß, wenn letztere Linie mit 85 bezeichnet ist; sie be= trägt zwischen 80 und 85 Fuß, wenn der Durchschnitt des Fadens und der vorigen mit 70 bezeichneten Linie zwischen den beiden Durchschnitten derselben Linie und denen der mit 80 und 85 be= zeichneten Linien liegt, und man kann nun leicht beurtheilen, ob die Oberhöhe näher an 80 liegt, also 81 oder 82 Fuß, oder näher an 85, also 83 oder 84 Fuß beträgt.

Von demselben Standpunkt visirt man nach dem Fußpunkt, und liest die Unterhöhe ebenso von dem Meßbrett ab, wie vorher die Oberhöhe, addirt Oberhöhe und Unterhöhe und erhält dadurch die ganze Höhe. Es ergiebt sich bald, daß man nach dem Höhenpunkt und nach dem Fußpunkt durch verschiedene Sägeschnitte visiren muß, wenn nicht etwa der Messende gegen den Fußpunkt um so viel tiefer steht, daß der Horizontalpunkt unter den Fußpunkt fällt. In diesem Falle, der sich sogleich daraus ergiebt, daß man dann nach beiden Punkten nur durch denselben Sägeschnitt visiren kann, ist die Unterhöhe von der Oberhöhe abzuziehen, um die ganze Höhe zu erhalten.

Jedes Visiren mit dem Meßbrett aus freier Hand, muß nach demselben Punkt zwei Mal geschehen, und dann dasselbe Resultat geben, um sicher zu sein, daß der Lothfaden sich nicht verschoben hat, woran nochmals erinnert wird.

Ist die Standlinie, oder die zu messende Höhe größer als 100 Fuß, so nimmt man nach dem Visiren ½ oder ⅔ der Standlinie, und liest danach die Höhe von dem Meßbrett ab, die dann auch nur ½ oder ⅔ der wirklichen Höhe beträgt.

Etwas genauere Resultate erhält man, wenn man nach dem Höhenpunkt und nach dem Fußpunkt visirt, und von dem Meßbrett jedes Mal die Zahl abliest, die der Lothfaden auf der bezifferten Randlinie abschneidet, so wie vorher unter 4. gezeigt worden ist. Sind diese Zahlen bei dem Visiren nach dem Höhenpunkt $= h$, bei dem Visiren nach dem Fußpunkt $= u$, ist die Standlinie $= s$ und die ganze Höhe $= x$, so sind folgende Fälle zu unterscheiden. Bei dem Visiren nach dem Höhenpunkt schneidet der Lothfaden die Randlinie, welche

     a) mit der Visirlinie parallel ist, oder
     b) auf der Visirlinie senkrecht steht.

Der Fußpunkt kann dabei liegen

     1) unter dem Horizontalpunkt, oder
     2) über dem Horizontalpunkt.

Es ist in den Fällen

$$a.\ 1)\ x = \frac{(h + u)\,s}{100}; \qquad\qquad a.\ 2)\ x = \frac{(h - u)\,s}{100};$$

$$b.\ 1)\ x = \left(\frac{100}{h} + \frac{u}{100}\right)s; \qquad b.\ 2)\ x = \left(\frac{100}{h} - \frac{u}{100}\right)s.$$

In den Fällen b. 1 und b. 2 kann man auch nach den bequemeren Formeln a. 1 und a. 2 rechnen, wenn man statt der beobachteten Cotangente = h die zugehörige Tangente = $\dfrac{100^2}{h}$ aus der beifolgenden Tafel in D die Formeln a. 1 und a. 2 setzt.

Hat man z. B. bei der Standlinie von 75 Fuß Länge, am Rande des Meßbrettes die Tangente des Höhenwinkels h = 76, die Tangente des Tiefwinkels u = 5 gefunden, so erhält man nach der Formel a. 1

die ganze Höhe $x = \dfrac{(76 + 5)\ 75}{100} = 60{,}75$ Fuß.

Hätte man dieselben Zahlen wie vorher, aber nicht die Tangente, sondern die Cotangente des Höhenwinkels h = 76, so wäre nach der Formel b. 1

die ganze Höhe $x = \left(\dfrac{100}{76} + \dfrac{5}{100}\right) 75 = 102{,}45$ Fuß,

oder wenn man, statt der Cotangente 76, die Tangente 132 des Höhenwinkels aus der Tafel nimmt, und nach a. 1 rechnet

$$x = \frac{(132 + 5)\ 75}{100} = 102{,}45 \text{ Fuß.}$$

Anlage A.

Specielle Beschreibung, Ertragsberechnung und Betriebsplan für die Königliche
Oberförsterei N. N. — Waldzustand am 1. October 18..

Jagen	Abtheilung	Größe der Fläche	Holzart	Standortsklasse	Dominirende Stämme durchschnittlich				Jetzige Derbholzmasse				Zuwachs am Hauptbest.		Abtriebsperiode	In der Mitte der Abtriebsperiode			Ergänzungen zur Beschreibung des Bodens und Bestandes, so wie sonstige Bemerkungen.
									pr. Morg.		im Ganzen						Derbholz-Ertrag		
					Alter	Abstand	Durchmesser	Höhe	Hauptbestand	Nebenbestand	Hauptbestand	Nebenbestand	Durchschnitts-	Laufender		Holzhaltigkeit	pro Morgen	im Ganzen	
		Mg.			Jahr	Fuß	Zoll	Fuß	Massenklafter				1/100 Klft.	Pro-cent.			Massenkl.		
Block I.																			

Anlage B.

Holzertragstafel für die Oberförsterei Rüdersdorf, im Regierungsbezirk nachweisend, wie solche bei der speciellen Bestands=

Alter	I. Standortsklasse, gut.								Durchforstungs=Ertrag	II. Standorts=			
	Dominirender Bestand.									Dominirender			
	durchschnittliche				Derbholzmasse pro Morgen	Zuwachs				durchschnittliche			
	Abstände	Stammzahl pro Morgen	Durchmesser	Höhe		laufend		durchschnittl.		Abstände	Stammzahl pro Morgen	Durchmesser	Höhe
Jahr	Fuß	Stck.	Zoll	Fß.	Klft.	%	Klft.	Klft.	Klft.	Fuß	Stck.	Zoll	Fß.
15				15									13
20				22									19
25				29									24
30				36									29
35				41									34
40	7,6	449	5	45	14	3,4	0,49	0,36		7,9	413	5	40
45	8,9	324	6	49	17	3,0	0,50	0,37	½	9,5	289	6	44
50	10,3	244	7	53	19	2,7	0,53	0,39		10,5	237	7	48
55	11,7	191	8	57	22	2,2	0,48	0,40		11,3	204	7,75	52
60	12,7	161	9	61	24	1,7	0,41	0,41		12,4	169	8,5	56
65	13,5	142	9,75	64	26	1,4	0,36	0,41	1	13,4	144	9,25	58
70	14,3	126	10,5	67	28	1,2	0,34	0,40		14,0	131	10	60
75	15,1	114	11,25	70	30	1,1	0,34	0,40		14,3	127	10,5	62
80	15,8	104	12	73	32	0,93	0,29	0,40		14,7	120	11	64
85	16,6	94	12,75	75	33	0.63	0,21	0,39	1¼	15,2	112	11,5	65
90	17,6	84	13,5	77	34	0,39	0,13	0,38		15,7	105	12	66
95	18,7	74	14,25	78	35	0,36	0,13	0,37		16,6	94	12,5	67
100	19,4	69	15	79	35	0,35	0,12	0,35		17,2	88	13	68
105	19,8	66	15,5	79	36	0,28	0,10	0,34		17,7	83	13,25	69
110	20,4	62	16	80	37	0,09	0,03	0,33	¾	18,0	80	13,5	70
115	21,0	59	16,5	80	37	0,02	0,01	0.32		18,3	77	13,75	70
120	21,5	56	17	80	37	—0,32	—0,12	0,31		18,8	73	14	70
125	22,1	53	17,25	80	36	—0,20	—0,07	0,29		19,4	69	14,25	70
130	22,5	51	17.5	80	36	—0,36	—0,13	0,28		19,8	66	14,5	70
135	23,0	49	17,75	80	35	—0,22	—0,08	0,26		20,4	62	14,75	70
140	23,4	47	18	80	35			0,25		21	59	15	70

Bemerkung. 1. Diese Standortsklassen entsprechen ungefähr der II., III. und IV. in den Tafeln von Pfeil.

2. Alles unter 3 Zoll starke Holz, sowie sämmtliches Stockholz ist außer Ansatz gelassen.

3. Bei der Höhe ist der Stubben oder Stock nicht mitbegriffen.

Anlage B.

Potsdam, die durchschnittliche Beschaffenheit der vorhandenen Kiefernbestände Aufnahme im Jahre 1859/60 gefunden wurde.

Klasse, mittelmäßig					III. Standortsklasse, schlecht.								
Bestand				Durchforstungs=Ertrag	Dominirender Bestand								Durchforstungs=Ertrag
Derbholzmasse	Zuwachs		durchschnittl.		durchschnittliche				Derbholzmasse	Zuwachs		durchschnittl.	
	laufender				Abstände	Stammzahl pro Morgen	Durchmesser	Höhe		laufender			
Kl.	%	Klft.	Klft.	Klft.	Fuß	Stck.	Zoll	Fß	Kl.	%	Klft.	Klft.	Klft.
								10					
								16					
								22					
								26					
								30					
13	3,4	0,44	0,32		7,6	456	4,5	34	10	3,7	0,39	0,26	
15	3,1	0,46	0,33		7,9	412	5	38	12	3,3	0,40	0,27	¼
17	2,4	0,42	0,35	½	9,3	301	6	42	14	2,7	0,39	0,29	
19	2,2	0,42	0,35		10,8	221	7	45	16	2,1	0,34	0,30	
21	1,7	0,36	0,36		11,6	192	7,75	48	18	1,7	0,30	0,30	
23	1,3	0,30	0,36		12,5	166	8,5	50	19	1,3	0,24	0,30	¾
25	1,2	0,29	0,35	1	13,0	153	9	52	21	1,0	0,21	0,30	
26	1,1	0,29	0,35		13,5	142	9,5	54	22	0,89	0,19	0,29	
28	0,88	0,24	0,35		13,9	133	10	56	23	0,50	0,11	0,28	
29	0,55	0,16	0,34		14,6	121	10,5	57	23	0,33	0,08	0,27	
30	0,27	0,08	0,33	1	15,3	111	11	58	24	0,23	0,05	0,26	1
30	0,27	0,08	0,32		16,2	99	11,25	59	24	0,05	0,01	0,25	
30	0,24	0,07	0,30		16,5	95	11,5	60	24	−0,13	−0,03	0,24	
31	0,17	0,05	0,29		16,9	91	11,75	60	24	−0,42	−0,10	0,23	
31	−0,05	−0,02	0,28	½	17,4	86	12	60	23	−0,56	−0,13	0,21	½
31	−0,13	−0,04	0,27		18,0	80	12,25	60	23	−0,72	−0,16	0,20	
31	−0,54	−0,17	0,26		18,7	74	12,5	60	22			0,18	
30	−0,41	−0,12	0,24										
29	−0,61	−0,18	0,23										
28	−0,44	−0,12	0,21										
28			0,20											

4. Der Durchmesser ist in Brusthöhe, 4 Fuß über der Erde gemessen.

5. Die Abstände bezeichnen die durchschnittliche Entfernung der Stämme von einander von Mitte zu Mitte.

Anlage C.

Nachweisung der Stammzahl pro Morgen bei der durchschnittlichen Entfernung der Stämme von einander von Mitte zu Mitte in Fußen.

Entfernung	Stammzahl	E.	St.	E.	St.	E.	St.	E.	St.	E.	St.	E.	St.	E.	St.	E.	St.	E.	St.
5,0	1037	8,0	405	11,0	214	14,0	132	17,0	89,7	20,0	64,8	23,0	49,0	26,0	38,3	29,0	30,8	32,0	25,3
1	996	1	395	1	210	1	130	1	88,6	1	64,1	1	48,5	1	38,1	1	30,6	1	25,1
2	958	2	385	2	207	2	129	2	87,6	2	63,4	2	48,1	2	37,8	2	30,4	2	25,0
3	923	3	376	3	203	3	127	3	86,6	3	62,8	3	47,6	3	37,5	3	30,2	3	24,8
4	889	4	367	4	199	4	125	4	85,6	4	62,2	4	47,2	4	37,2	4	30,0	4	24,6
5	857	5	359	5	196	5	123	5	84,6	5	61,6	5	46,6	5	37,0	5	29,8	5	24,4
6	826	6	350	6	193	6	122	6	83,7	6	61,1	6	46,1	6	36,7	6	29,6	6	24,3
7	798	7	342	7	189	7	120	7	82,7	7	60,5	7	45,6	7	36,5	7	29,4	7	24,2
8	770	8	335	8	186	8	118	8	81,8	8	59,9	8	45,1	8	36,2	8	29,2	8	24,1
9	745	9	327	9	183	9	117	9	80,9	9	59,3	9	44,6	9	35,9	9	29,0	9	23,9
6,0	720	9,0	320	12,0	180	15,0	115	18,0	80,0	21,0	58,7	24,0	44,1	27,0	35,6	30,0	28,8	33,0	23,8
1	697	1	313	1	177	1	114	1	79,1	1	58,3	1	43,8	1	35,3	1	28,6	1	23,7
2	674	2	306	2	174	2	112	2	78,3	2	57,8	2	43,5	2	35,0	2	28,4	2	23,5
3	653	3	300	3	171	3	111	3	77,4	3	57,3	3	43,2	3	34,7	3	28,2	3	23,4
4	633	4	293	4	169	4	109	4	76,6	4	56,8	4	43,0	4	34,5	4	28,0	4	23,2
5	613	5	287	5	166	5	108	5	75,7	5	56,2	5	42,7	5	34,2	5	27,9	5	23,1
6	594	6	281	6	163	6	106	6	74,9	6	55,6	6	42,4	6	34,0	6	27,7	6	23,0
7	577	7	275	7	161	7	105	7	74,1	7	55,1	7	42,1	7	33,7	7	27,5	7	22,8
8	560	8	270	8	158	8	104	8	73,3	8	54,6	8	41,9	8	33,5	8	27,3	8	22,7
9	544	9	264	9	156	9	102	9	72,6	9	54,1	9	41,7	9	33,2	9	27,1	9	22,6
7,0	529	10,0	259	13,0	153	16,0	101	19,0	71,8	22,0	53,6	25,0	41,5	28,0	33,0	31,0	27,0	34,0	22,4
1	514	1	254	1	151	1	99,9	1	71,0	1	53,1	1	41,1	1	32,8	1	26,8	1	22,3
2	500	2	249	2	149	2	98,8	2	70,3	2	52,6	2	40,8	2	32,6	2	26,6	2	22.2
3	486	3	244	3	147	3	97,6	3	69,6	3	52,1	3	40,5	3	32,3	3	26,4	3	22,0
4	473	4	240	4	144	4	96,7	4	68,9	4	51,7	4	40,2	4	32,1	4	26,3	4	21,9
5	461	5	235	5	142	5	95,2	5	68,2	5	51,2	5	39,9	5	31,9	5	26,2	5	21,8
6	449	6	231	6	140	6	94,1	6	67,5	6	50,7	6	39,6	6	31,6	6	26,0	6	21,7
7	437	7	226	7	138	7	92,9	7	66,8	7	50,3	7	39,2	7	31,4	7	25,8	7	21,5
8	426	8	222	8	136	8	91,8	8	66,6	8	49,9	8	38,9	8	31,2	8	25,6	8	21,4
9	415	9	218	9	134	9	90,7	9	65,5	9	49,4	9	38,6	9	31,0	9	25,4	9	21,3

Anlage D.

Tabelle der Tangenten, Contangenten, Sinus, Cosinus, Bogen und Winkel für den Halbmesser = 100.

Bis 45 Grad gelten die Ueberschriften, über 45 Grad die Unterschriften.

Tangente	Cotangente	Sinus	Cosinus	Bog., Wink. Grad	Min.	′	°	Tangente	Cotangente	Sinus	Cosinus	Bog., Wink. Grad	Min.	′	°
1	10000	1,0	100		34	26	89	51	196	45,4	89,1	27	1	59	62
2	5000	2,0	100	1	9	51	88	52	192	46,1	88,7	27	28	32	62
3	3333	3,0	100	1	43	17	88	53	189	46,8	88,4	27	55	5	62
4	2500	4,0	99,9	2	17	43	87	54	185	47,5	88,0	28	22	38	61
5	2000	5,0	99,9	2	52	8	87	55	182	48,2	87,6	28	49	11	61
6	1667	6,0	99,8	3	26	34	86	56	179	48,9	87,2	29	15	45	60
7	1429	7,0	99,8	4	0	0	86	57	175	49,5	86,9	29	41	19	60
8	1250	8,0	99,7	4	34	26	85	58	172	50,2	86,5	30	7	53	59
9	1111	9,0	99,6	5	9	51	84	59	170	50,8	86,1	30	32	28	59
10	1000	10,0	99,5	5	43	17	84	60	167	51,5	85,7	30	58	2	59
11	909	10,9	99,4	6	17	43	83	61	164	52,1	85,4	31	23	37	58
12	833	11,9	99,3	6	51	9	83	62	161	52,7	85,0	31	48	12	58
13	769	12,9	99,2	7	24	36	82	63	159	53,3	84,6	32	13	47	57
14	714	13,9	99,0	7	58	2	82	64	156	53,9	84,2	32	37	23	57
15	667	14,8	98,9	8	32	28	81	65	154	54,5	83,9	33	1	59	56
16	625	15,8	98,7	9	5	55	80	66	152	55,1	83,5	33	25	35	56
17	588	16,8	98,6	9	39	21	80	67	149	55,7	83,1	33	49	11	56
18	556	17,7	98,4	10	12	48	79	68	147	56,2	82,7	34	13	47	55
19	526	18,7	98,2	10	45	15	79	69	145	56,8	82,3	34	36	24	55
20	500	19,6	98,1	11	19	41	78	70	143	57,4	81,9	35	0	0	55
21	476	20,6	97,9	11	52	8	78	71	141	57,9	81,6	35	22	38	54
22	455	21,5	97,7	12	24	36	77	72	139	58,4	81,2	35	45	15	54
23	435	22,4	97,5	12	57	3	77	73	137	59,0	80,8	36	8	52	53
24	417	23,3	97,2	13	30	30	76	74	135	59,5	80,4	36	30	30	53
25	400	24,2	97,0	14	2	58	75	75	133	60,0	80,0	36	52	8	53
26	385	25,2	96,8	14	34	26	75	76	132	60,5	79,6	37	14	46	52
27	370	26,1	96,5	15	7	53	74	77	130	61,0	79,2	37	36	24	52
28	357	27,0	96,3	15	39	21	74	78	128	61,5	78,9	37	57	3	52
29	345	27,9	96,0	16	10	50	73	79	127	62,0	78,5	38	19	41	51
30	333	28,7	95,8	16	42	18	73	80	125	62,5	78,1	38	40	20	51
31	323	29,7	95,5	17	13	47	72	81	123	62,9	77,7	39	0	0	51
32	313	30,5	95,2	17	45	15	72	82	122	63,4	77,3	39	21	39	50
33	303	31,3	95,0	18	16	44	71	83	120	63,9	76,9	39	42	18	50
34	294	32,2	94,7	18	47	13	71	84	119	64,3	76,6	40	2	58	49
35	286	33,0	94,4	19	17	43	70	85	118	64,8	76,2	40	22	38	49
36	278	33,9	94,1	19	48	12	70	86	116	65,2	75,8	40	42	18	49
37	270	34,7	93,8	20	18	42	69	87	115	65,6	75,5	41	1	59	48
38	263	35,5	93,5	20	48	12	69	88	114	66,1	75,1	41	21	39	48
39	256	36,3	93,2	21	18	42	68	89	112	66,5	74,7	41	40	20	48
40	250	37,1	92,8	21	48	12	68	90	111	66,9	74,3	41	59	1	48
41	244	37,9	92,5	22	18	42	67	95	110	67,3	74,0	42	18	42	47
42	238	38,7	92,2	22	47	13	67	92	109	67,7	73,6	42	37	23	47
43	233	39,5	91,9	23	16	44	66	93	108	68,1	73,2	42	55	5	47
44	227	40,3	91,5	23	45	15	66	94	106	68,5	72,9	43	14	46	46
45	222	41,0	91,2	24	14	46	65	95	105	68,9	72,5	43	32	28	46
46	217	41,8	90,9	24	42	18	65	96	104	69,3	72,1	43	50	10	46
47	213	42,5	90,5	25	10	50	64	97	103	69,6	71,8	44	8	52	45
48	208	43,3	90,2	25	38	22	64	98	102	70,0	71,4	44	25	35	45
49	204	44,0	89,8	26	6	54	63	99	101	70,4	71,1	44	43	17	45
50	200	44,7	89,4	26	34	26	63	100	100	70,7	70,7	45	0	0	45
Cot.	Tang.	Cosin.	Sin.			M.	Gr.	Cot.	Tang.	Cosin.	Sin.			M.	Gr.
						Bog., Winkl.								Bog., Winkl.	